赋能对话

成就和赋能他人 7 步法

房让青 孙聪 刘小山 著

中华工商联合出版社

图书在版编目（CIP）数据

赋能对话 / 房让青，孙聪，刘小山著．— 北京：中华工商联合出版社，2023.3
ISBN 978-7-5158-3614-0

Ⅰ．①赋… Ⅱ．①房… ②孙… ③刘… Ⅲ．①成功心理—通俗读物 Ⅳ．① B848.4-49

中国国家版本馆 CIP 数据核字（2023）第 033413 号

赋能对话

作　　者：	房让青　孙　聪　刘小山
出 品 人：	刘　刚
责任编辑：	吴建新　林　立
装帧设计：	王桂花
责任审读：	付德华
责任印制：	迈致红
出版发行：	中华工商联合出版社有限责任公司
印　　刷：	北京毅峰迅捷印刷有限公司
版　　次：	2023 年 3 月第 1 版
印　　次：	2023 年 3 月第 1 次印刷
开　　本：	710mm×1000mm　1/16
字　　数：	220 千字
印　　张：	16.25
书　　号：	ISBN 978-7-5158-3614-0
定　　价：	68.00 元

服务热线：010-58301130-0（前台）
销售热线：010-58301132（发行部）
　　　　　010-58302977（网络部）
　　　　　010-58302837（馆配部）
　　　　　010-58302813（团购部）
地址邮编：北京市西城区西环广场 A 座
　　　　　19-20 层，100044
http：//www.chgslcbs.cn
投稿热线：010-58302907（总编室）
投稿邮箱：1621239583@qq.com

工商联版图书
版权所有　侵权必究

凡本社图书出现印装质量问题，请与印务部联系。
联系电话：010-58302915

目录 CONTENTS

推荐序一　001
推荐序二　003
推荐序三　005
推荐序四　007
推荐序五　009
推荐序六　011
前　　言　001

原理篇
赋能模型概述　001

01 改变人生轨迹的赋能对话　002
　　赋能对话助力职业转型　005

02 赋能模型（EMPOWER）　010
　　赋能模型的内涵　011

赋能模型的使用顺序　013
赋能师　014

03　赋能师与教练　017
教练理论　017
教练在职场中的应用　019
赋能师与教练的关系　021

04　赋能师与导师　023
导师制理论　023
导师制在职场中的应用　024
赋能师与导师的关系　025

05　赋能师与心理咨询顾问　027
心理咨询的理论　027
心理咨询在职场中的应用　028
赋能师与心理咨询顾问的关系　030

06　赋能模型的道与术　033
赋能模型的道　033
赋能模型的术　035
赋能师五项能力　037

方法篇
赋能对话7步法　047

01　目标期望（E）　051
从菲尔普斯到"美国飞鱼"　051

目录

　　　　目标期望　053
　　　　目标设定时的注意事项　058
　　　　赋能对话案例　060

02　意义澄清(M)　068
　　　　维克多：在集中营中领悟生命的意义　068
　　　　意义澄清　069
　　　　意义强化的策略　073
　　　　赋能对话案例　076

03　现状觉察（P）　082
　　　　"巨人"的陨落与重生　082
　　　　现状觉察　083
　　　　现状觉察的方法　086
　　　　赋能对话案例　088

04　优势发掘(O)　092
　　　　乔丹：从"篮球之神"到"棒球滑铁卢"　092
　　　　优势发掘　094
　　　　优势发掘的常用方法　095
　　　　赋能对话案例　098

05　行动自发(W)　102
　　　　面对新的职场环境，如何调整自己　102
　　　　行动自发　103
　　　　行动自发的注意事项　105
　　　　赋能对话案例　107

06 能量赋予（E） 114
黄铮："贵人相助"造就拼多多的辉煌　114
能量赋予　115
赋能他人的方式　117
赋能对话案例　119

07 复盘总结（R） 122
晚清"半圣"的自我修养　122
复盘总结　123
复盘的流程与工具　124
赋能对话案例　127

实践篇
赋能对话实践案例　131

01 不同场景下的五个应用案例　132
案例一　专业不对口、就业无方向　133
案例二　技术转型团队管理者面临的挑战　146
案例三　转换企业面临的挑战　158
案例四　人力资源助力完成公司战略目标　174
案例五　总监到副总裁的晋升之路　189

02 不同阶段之职场特征和挑战　203
初级职场阶段特征和挑战　203
中级职场阶段特征和挑战　205
高级职场阶段特征和挑战　208

目录

后　　记　213
附　　录　216
赞　　誉　224
参考文献　229

推荐序一

我很高兴向大家推荐作者之一房让青的这本新作《赋能对话》。本书讲述了如何通过高质量、高强度的结构型对话（赋能模型七步法），突破他人的自我设限，最终帮助他人更好地得到自我发展与自我提升，从而更好地解决问题并达成目标。

作为房让青博士论文的指导导师，我曾经见证了她三年读博期间的刻苦与努力，尤其是在写论文阶段，看到她对研究主题所关联的新知识的渴求钻研、对学术探究所需要的新方法的学习热情，令我深感她能够完成博士论文不仅仅是她的聪慧，更是她自我赋能的结果。正因为如此，我请房让青在2020年参与我主编的《培训与开发》教材第5版中编写"教练技术"一章，她欣然同意。这也为她后来的新作《赋能对话》奠定了基础。

在《赋能对话》一书中，作者提出的EMPOWER赋能模型，通过解读一个个完整的职场案例来步步呈现赋能七步法如何应用，非常清晰地呈现给读者赋能模型的整体画面。这一模型通过实际应用能很好地推广到培养人才的课程中，以便更好地赋能员工、培养发展和激励人才。

年轻人才，尤其是"90后"和"00后"已开始成为职场的主力军，他们更加希望被激发，被催化，被点燃内心的潜能、激情和创意，希望能被领导多角度赋能，以不断得到成长和发展。这就需要领导者具备以激发人的潜能为中心新的领导风格，而不仅仅是单一的经验指导式的传统领导风格。赋能型领导就是其中很重要的领导风格之一。

《赋能对话》主要有以下三个特点：

一是整合性。整合了教练、导师、心理咨询顾问、培训师等角色的优势，培训者能有针对性地帮助他人解决面临的痛点问题并达成目标，避免了以往的培训者只是偏向于某一个角色的不足。

二是系统性。系统地阐述了赋能对话的原理，把教练技术、导师制、心理咨询顾问等内容分层次做了分析，将赋能师作为系统的核心人物，厘清了其与其他角色的区别和联系，并且尝试将系统中的子系统（赋能师的五项技能、道与术、七步法的完整流程、适用对象等）联系起来构建成一个完整的赋能系统；

三是实践性。作者联系实际，在第二篇以完整的职场鲜活案例介绍了七步法模型，又在第三篇以五个实践案例、关键事件等，呈现了职场不同阶段的赋能场景。附录中模型（七步法）的提问清单也非常实用，这些提问在激发他人的创意时，通常比直接给答案更有启发性。读者可以感受到这一"提问锦囊"在实际工作和生活中的应用价值。

我推荐大家阅读此书，希望《赋能对话》能够影响更多的读者，让大家得到赋能与发展。

石金涛

教授、博士生导师，原上海交通大学管理学院副院长

人力资源管理研究所所长、组织发展与战略研究中心主任

推荐序二

本书作者之一孙聪，是复旦大学管理学院和麻省理工学院斯隆管理学院联合培养的MBA。该项目采用MIT的培养方案，全英文授课，学习任务重，要求学生脱产学习。我是他的论文指导老师。在我眼中，孙聪是一个"斜杠青年"。他是一个好学生，以优异的成绩从复旦大学管理学院毕业；他是一个好实习生，在校期间参加了某知名外资企业的实习，获得了实习单位领导的好评。他文笔不错，参加了我编写的书稿《董明珠：刚柔并济》中有关格力发展战略章节的写作。在校读书期间，他就已经开始为大学生义务做择业咨询。毕业后，他一直保持着与我的联系，并告诉我，他与几个伙伴一起，在工作之余继续做职业生涯咨询和辅导。今年四月，他说要出一本书，请我写序。我看到《赋能对话》这本书的内容后，知道这是他和他的合作伙伴多年来坚持做这件事情的成果结晶。我很荣幸有机会给这本书写序。

《道德经》中有一句话，"知人者智，自知者明"。想要做到"明"和"智"，何其困难。正因为做不到足够的"明"和"智"，就产生了很多困惑。例如，我们选择职业时，如何平衡"擅长的""喜欢的"和"可得的"？进入职场后，如何成为绩效优秀的个人贡献者？如何顺利实现由个人贡献者向团队领导者角色转型？如何成长为管辖多业务领域的高层管理者？优秀的个人贡献者，要善于自知，做到"明"；团队领导者和管辖多业务领域的高层管理者，要善于知人，做到"智"。《赋能对话》这本书提供了一个很实用的工具，引导大家学会"自知"和"知人"，帮助大家走出职业发展的困境。

本书作者基于多年的赋能对话实践，将这个赋能工具命名为EMPOWER模型。每一个字母代表了一个阶段的对话主题，整个赋能对话由七个环节构成。其中，E(Expectation)是指目标期望，M(Meaning)是指意义澄清，P(Present Situation)是指现状觉察，O(Outstanding Point)是指优势挖掘，W(Willing Action)是指行动自发，E(Energize)是指能量赋予，R(Review)是指复盘总结。这七个环节，环环相扣，建议前后顺序不要互换。其中，将期望的目标（你要到哪里去）以及目标达成的意义放在第一和第二步进行对话，非常重要。《爱丽丝漫游奇境记》中，爱丽丝对猫说自己迷路了，能否告诉她应该往哪一条路走。猫说，那要看你想要到哪里去？爱丽丝说，她不在乎去哪里。猫说，那么你随便选哪一条路走都没有关系。这个故事告诉我们，探索职业发展的终极目标、阶段性目标，以及这些目标对个人的意义和价值，非常重要。组织行为学领域的学者一直在探讨个人的使命和愿景。其中，个人的使命涉及的是"你为什么存在"这个问题；个人的愿景是对你梦想的未来的描述，你想从生活和工作中得到什么，以及你想成为什么样的人。只有对这两个终极问题梳理得比较清楚了，再讨论路径的选择才是合理的。

本书为了帮助读者更好地理解和掌握EMPOWER模型，不仅为每个对话环节配备了详细的案例分析，而且对职业发展初级、中级和高级三个不同阶段遇到的困惑提供了详细的案例分析。总的来讲，本书为大家介绍了一个很好的赋能工具，实操性强，可读性佳。

徐笑君

心理学硕士、管理学博士和博士后，复旦大学管理学院副教授

推荐序三

作者之一房让青是我们复星人力资源条线合伙人，目前担任复星旗下智造板块翌耀科技FFT的副总经理，负责人力资源、行政等综合管理工作。

房让青同学持续不断地学习，并对上海众多高校大学生提供公益性职业辅导活动，她用实际行动践行着复星的文化价值观——"修身、齐家、立业、助天下"。她为翌耀科技开发了十几门领导力课程，引领公司文化建设项目，极大提高了员工的管理能力、凝聚力和归属感。这次房让青把她学习总结的新书《赋能对话》发给我的时候，我很高兴为她的新书作序。

作为企业的管理者，我们每天都会和员工进行交流对话，希望帮助员工成长，达成公司既定的业绩目标。如何赋能、激发、点燃、催化员工内在的潜能并进行高效的对话是本书《赋能对话》的重点。

《赋能对话》这本书中提出了赋能模型EMPOWER，该模型是作者基于教练技术、导师制、心理咨询顾问等理念而共创的一种全新赋能模型。EMPOWER巧妙地把七个首字母，连接成一个富有逻辑的七要素赋能模型用在对话中，独特新颖、逻辑清晰、简单易懂。其中使用赋能模型的灵魂人物"赋能师"脱颖而出，赋能师是兼顾教练、导师、顾问各种角色的综合体，全方位地给对方赋予能量。

在当今数字化、VUCA、跨界融合的新时代，我们企业的管理者在培育和发展人才方面也面临越来越大的挑战。这本书提供了非常好用的七要素模型工具和方法，同时"赋能师"这个角色能更好地帮助我们管理者赋能员工和公司一起共成长、共辉煌。

真诚推荐这本书给读者，相信会对大家有所帮助。

潘东辉

复星全球合伙人，复星国际执行总裁、首席人力资源官

推荐序四

我很高兴推荐作者之一刘小山的新书《赋能对话》。在本书出版之前，我就体验到了书中赋能模型的实效。我当时任一家地方法人银行董事长，由于银行自身缺少核心竞争力，又没有清晰的战略定位，在与其他银行竞争的各方面都显得力不从心、手足无措。2018年这个问题尤其突出。作为一家区域性地方银行，该如何应对激烈的金融竞争带来的市场压力？未来的战略定位在哪里？我们的核心竞争力到底是什么？带着这些困扰性问题，我咨询了我的朋友刘小山，他毕业于东华大学，是工商管理硕士研究生，有着20多年的管理经验。他带领几个"大咖"组成赋能师团队，用本书中的七步法给我组织了几次赋能对话和复盘。赋能对话超出了预期的效果，我的团队精神面貌大变，主体业务走出瓶颈快速增长，客户规模在两年多的时间里翻了一番。

时代在快速变化，人们面临的环境充斥着越来越多的不确定性、复杂性。生于网络时代的"90后"和"00后"作为职场主力军，他们与父辈、祖辈的"职业观"大异其趣。他们不满足于一般的物质激励和传统的"自上而下"式英雄指挥型的领导方式。他们更加希望能在一个充满信任、充满创新、充满激情的组织里工作，更希望领导能像催化剂一样来助燃，赋能他们成长，实现对自身潜能的开发。本书作者精心梳理几年来对话辅导的成功案例，著成《赋能对话》一书，正是因应时代的需求，给管理者提供一个全新的组织赋能视角。

赋能对话能使组织有效击破沟通障碍，让信息传达顺畅流通，让沟通渠道自然拓宽。通过学习和应用，团队之间将增进尊重和信任，员工成长达成有效支持，从而激发员工才智和潜能，增强团队凝聚力，让工作多一份乐趣和成就感。

任何一个市场主体都需要创造财务回报，但一个组织不仅是一个资金的组合，更应该以崇高的使命感来管理公司内的所有决策。我相信，我们每个人在有生之年都想为这个社会做出贡献，为组织、为他人赋能，不断寻找生命的意义。领导者的责任就是为员工创造一个令人兴奋、充满激情但安全的冒险旅程，值得他们为此奋斗。员工的热忱和忠诚度决定了好公司、优秀公司和卓越公司之间的差异。最终，我们的内在心态和外在领导风格决定了我们组织的活力、能量和使命感。

《赋能对话》这本书集理论和实践案例为一体，非常实用。我相信职场人士定会受益于此书带来的持久影响。我强烈推荐读者来阅读！

刘中乾

推荐序五

我很高兴为此新书《赋能对话》作序。我和作者之一房让青已是相处25年的同事和朋友了，我们曾共同工作过，一起跟随拉法基集团总部从广州来到上海。作为她前任领导，对她的印象是：积极好学，坚忍执着，为了理想一直在不懈奋斗。

作者在《赋能对话》一书中创造性地提出了一种全新的赋能模型。在过去的20多年里，我亲眼见证了房让青在不断地学习专业教练技术和心理咨询顾问技术，同时她也担任硕士生职业导师，为众多高校如复旦大学、交通大学、同济大学、华东理工大学、东华大学、香港大学、法国里昂商学院的大学生们提供职业规划辅导。辅导过的研究生不仅有国内的，还有来自英国的牛津大学、法国的马赛商学院、韩国的首尔大学等外籍学生，并用英文对他们进行职业规划辅导。

作者在日常工作中能够近距离接触团队管理工作，因此有大量的实践机会来综合运用教练、心理咨询顾问、导师等赋能技术，并凭借多年的理论和实践打磨独创出赋能模型，该模型能够高效地为对话赋能，为高效沟通交流提供不一样视角的参考工具。

作者在紧张忙碌的工作之余，历经三年多的时间完成了此书的写作，为他们能有此收获而开心。同时我也为读者高兴，因为这是一本集理论和实践于一体、可读性很强的实用工具书。

正如作者的为人——乐于分享、真诚务实、靠谱值得信赖，她的书亦是如此。书中所有的案例都源于工作中真实的故事，这些案例为读者提供了很好的借鉴作用。现在企业都提倡并在积极创建赋能学习型组织，充分发挥员工的创造性思维能力是众多企业管理的目标之一。提升团队凝聚力，赋能员工与组织共同成长，是企业一直在努力的方向。本书中的案例也许能让我们看到自己或企业的部分缩影，引起共鸣，继而通过学习带动我们更多的思考和行动。

实践是检验真理的唯一标准。再好的管理技术和管理模型，在有效地解决问题和满足对方的需求后才能被称之为好技术、好模型。总的来说，只有适合的才是最好的。

《赋能对话》是作者将多年的职场经验和理论研究相结合的一本好书，真诚推荐给大家，相信对您会有所帮助。

王丽

福伊特企业管理（上海）有限公司总经理

推荐序六

　　EMPOWER赋能模型从一个非常新颖的角度定义了一个能力成长的模型，同时也创造了一个新的角色——赋能师。EMPOWER巧妙地把七个首字母，连接成一个富有逻辑的能力成长模型，在我看来这七个步骤不仅兼顾了从外部探索一个人内心的成长期望，这些步骤还激活了人的内部自身发展动能的过程，这个模型还能让整个能力成长的过程落实到主观能动和行动力上，并且能够对整个过程不断地进行反思。

　　我在咨询行业工作了20多年，"赋能模型"让我马上联想起咨询顾问的培养过程：他们带着野心和智慧进入职场，每天的工作就是运用各种分析工具帮助客户解决问题，但是咨询顾问自身的能力培养过程也是一个带着各种业务问题和能力缺口，和年长资深的同事们一起学习和成长的过程。每一个项目从开始到结束，团队与项目经理、合伙人都会有很多次正式和非正式的谈话，以及书面的反馈。在咨询行业，我们倡导要及时反馈，而不是等到过程结束；我们要求各种具体的意见建议，而不是含糊不清的总结；我们希望每一个过程都能激发行动和解决问题，而不是留给对方一脸的疑惑。在人才培养上，每个个体都是独特的，有着自己的特质和禀赋条件，因此在这个发展体系中成长的咨询顾问们，既传承了很多固有的能力特征，但又能让每个个体的特色得以完整的表达和发展，因此你从来不会见到两个一样的顾问，虽然他们前后都服务过同一个客户，并且一直受到赞赏。

我希望每一个读者都能带着问题阅读作者的《赋能对话》一书，它能反复唤起你对职业发展、个人能力提升，或者是帮助别人能力发展的很多思考。当然，包括我本人，我们也非常希望能有机会去实践这个"赋能模型"，在这个看似很"卷"的职场中，实践并帮助别人共同成长，取得成功！

邵文斌

原麦肯锡公司上海分公司研究部资深专家

IQVIA 大中华区商务解决方案总经理

前言

从古至今，对话是我们在社会交流活动中常用的形式之一，不管社会如何发展，人类如何进步，我们都在社交中通过对话，彼此交流价值观，传递信息，挖掘潜能，激发创造力，而高效有能量的对话会带来更多的智慧的碰撞、思想的交锋、满满的正能量和自信。

赋能一词，在如今的工作和生活中处处可见。何为赋能，如何为之；何为赋能对话，如何用之更好地来赋能他人，这正是作者撰写这本书的初心和意图，也是作者通过这几年担任教练、导师和心理咨询顾问等整合实践案例后的总结。为了避免混淆意图，作者在此需要特别强调的是：教练、导师、心理咨询顾问都是赋能对方成长的角色，只是使用的方式和方法不同。作者在实践操作中整合了以上角色各自的精华和优势，扬长避短，根据实践经验总结萃取了书中包含七步法的赋能对话框架和模型。读者在使用时，根据实际情况、场景和对方的实际需求，可以单独使用某一角色，也可以整合起来使用。各种角色之间没有对错和好坏之分，只有适合和不适合，能够帮助对方解决问题，适合对方的角色就是最佳的角色。

本书第一篇为赋能模型概述，作者用了大量的篇幅来梳理赋能对话的理论模型基础，旨在厘清赋能对话中的赋能师和教练、导师、心理咨询顾问的共同点和不同点。若要进行一场高效有能量的对话，则需要有一定道和术的基

赋能对话
成就和赋能他人7步法

本功。第二篇为赋能对话7步法，详细介绍了对话中七要素的每一项的重要性，以及具体如何操作，并用一个完整的实践案例贯穿七步法。第三篇为赋能对话实践案例，根据赋能对话适用的对象和需求不同，选取了不同场景下的五个实践案例。因篇幅有限，作者只提炼了七要素的核心内容呈现给读者，主要是为读者提供赋能对话的七步法框架和思路，让读者更聚焦在使用方法上。具体每个步骤如何进行赋能提问，作者在书的最后整理了一个赋能提问清单，供大家选择使用。赋能对话可以是一对一、多对一，也可以一对多的形式来展开。另外赋能对话通常不是一次谈话就能达成目标的，而是根据对方谈话后思想和行为改变的状况，需要多次对话和循环复盘巩固才能达到最佳效果。

　　本书适合阅读的对象为：赋能师、企业管理者、职场人士、培训师、促动师、大学生，以及希望通过七步法沟通对话帮助赋能对方的人员（如父母、老师等）。总之，只要对方有意愿，赋能对话7步法可以应用于更多领域（工作、生活、家庭）的互动交流，并且会对达成绩效目标产生积极正面的影响。

　　帮助对方达成绩效目标是非常重要的，如何通过赋能对话7步法的方式并能持续地达成不同层级的目标更加重要，这也是《赋能对话》作者的愿望。

　　作者从动笔到定稿用了三年多的时间，尽管修改多次，肯定还有很多瑕疵和疏漏。如果有触动或共鸣，欢迎分享。如果有不同见解，秉持坦诚共修之意，欢迎多进行干净纯粹的交流，共同学习和成长。让我们一起修身、齐家、立业、助天下。

　　赋能对话，赋能成长，砥砺前行。

原理篇

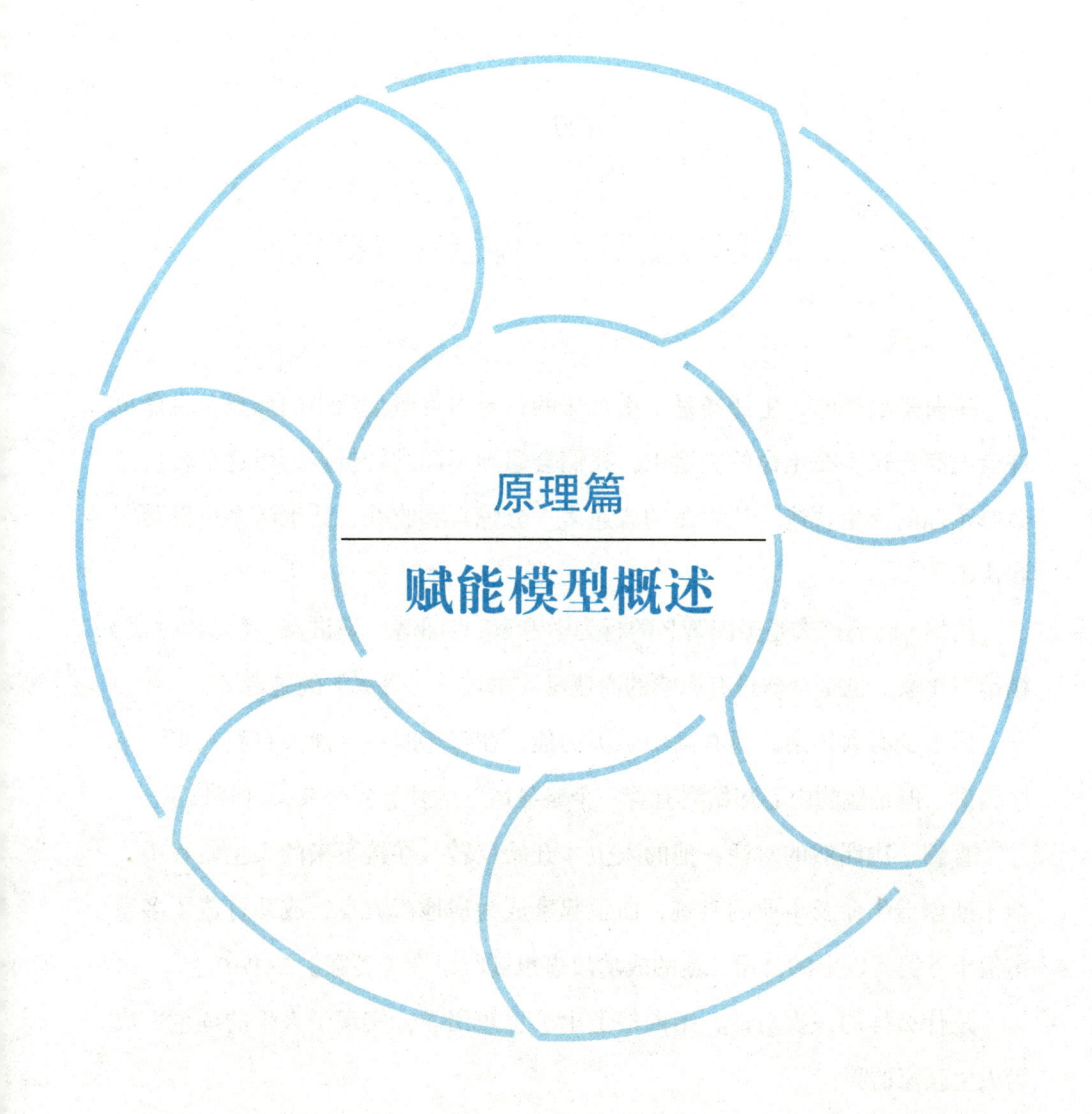

赋能模型概述

01

改变人生轨迹的赋能对话

生命是公平的，生活却是千滋百味的，努力克服生活中的痛点，生命也许会充满奇迹。在生命的旅途中，我们会遇到不同的转折点，而这个转折点会修正你的人生轨迹，让生命的旅途多一分惊喜和收获，让生活多一份踏实和快乐。

约翰·阿萨拉夫是美国著名的行为学专家、创业家、演讲家，《纽约时报》畅销书作家，也是全球最有影响的商业励志书之一《答案》的笔者。

但很少有人知道，只有高中学历的他，在青年时一度迷失自我，犯下一些错误，但是他的内心却始终有着一个略显俗气的梦想：赚钱、过好日子。

直到一次偶然的对话，他的人生才开始反转，在接下来的人生旅程中，他不断创造生命及事业的奇迹，白手起家成为房地产大亨，成功打造了多家市值千万美元以上的公司，他的成功故事也被收录在《答案》一书中。

是什么样的一次对话，帮助他走出了思想沼泽，实现了人生的理想，成为人生赢家的呢？

在一次访谈节目中，他说自己的人生曾经历过一次被赋能的对话，而就是这一次赋能对话改变了他的人生，令他一生记忆深刻。

在13到17岁期间，年轻的阿萨拉夫闯了很多祸，做了很多不道德的事，这让他惹上了不少麻烦。他的哥哥为了帮助他，给他介绍了一位名叫艾伦·布朗的赋能师——一位非常成功的慈善家和企业家，他们约定好一起共进午餐。

赋能对话

布朗：出于什么原因，你才去做了这些给你带来麻烦的不道德的事情？看起来你是个好孩子呀。

阿萨拉夫：我不知道，我只是想赚点钱，只是想融入这个社会。

布朗：为什么你没有充分运用你的大脑呢？

阿萨拉夫：基于我的教育程度以及学校老师告诉我的情况，我这辈子都不会有出息。而且我读到高二就辍学了，因为我觉得自己不够好，不够聪明，也不够优秀。

布朗：你有什么目标吗？

阿萨拉夫：你在谈什么啊，我怎么会有目标呢？我想周末去酒吧，我喜欢买好吃的，然后找个漂亮的女生，或许还会有艳遇，哈哈。

布朗：不不不，我是说，你更远大的目标是什么？

看着布朗认真的样子，阿萨拉夫收敛了许多，确切地说，阿萨拉夫当初确实没有认真思考过自己的目标，可以说没有一个像样的目标，在和布朗的沟通中，阿萨拉夫逐渐意识到自己的处境和问题，也慢慢打开了自己的心扉。

会谈结束，布朗送他回家，然后递给他一张纸，看着阿萨拉夫说，填好这些内容。这张纸上写着："你想在多少岁退休？"

1980年的5月，当时的阿萨拉夫才19岁，对自己的人生没有任何规划，不知道该如何去填写，但是布朗告诉他，填好这些就可以了。

赋能对话
成就和赋能他人 7 步法

于是阿萨拉夫在纸上这样写道:"我想在 45 岁退休,同时手上有 300 万美元。我想有属于自己的房子,想环游世界,想过上高质量生活。"

星期一,阿萨拉夫来到布朗的办公室,布朗看了阿萨拉夫的答案,然后问了一个问题,而这个问题让阿萨拉夫醍醐灌顶。

赋能对话

布朗: 你是纯粹对这些目标感兴趣,还是决心要达成这些目标?

阿萨拉夫(坐在位子上陷入了沉思,沉默了好一会才开口说话):布朗先生,这两者有什么区别吗?

布朗: 如果你只是感兴趣,你会做那些你认为轻松的事,你会找一大堆故事、理由和借口,以及你做不到的原因。你会拿你的教育程度当借口;会拿你的过去当借口;你会拿你父亲是卡车司机、是赌徒,从来没什么钱当借口,你会把这些当作你无法做到的理由。但是如果你下定决心的话,那么你会尽你所能,你会抛下那些故事、那些借口,你会抛下所有你可能想到的理由和原因,那些你对自己的定义,你将学会如何抛下这一切,并成为你注定想成为的那个人。

"你是纯粹对这些目标感兴趣,还是决心要达成这些目标。"这句话就是启动能量的赋能按钮。

布朗赋能了阿萨拉夫,让他实现了收入倍增,学会了像亿万富豪一样去思考,最终实现了他的梦想事业,过上了自己想要的生活,不但获得人生理想的成功,更让自己成为被模仿、追随的对象。阿萨拉夫和布朗的故事被人们热议传诵,成为经典。

一场铿锵有力的简短对话，对阿萨拉夫产生了极大的影响，赋能并帮助阿萨拉夫成功实现了他的目标，可见在人生中的关键时刻，赋能对话是多么重要。

赋能对话助力职业转型

Niki 女士在某重点大学求学期间主修专业是英语，大学毕业后担任高中英语老师。20 世纪 90 年代正是外企在中国蓬勃发展时期，外资企业需要大量的英语人才，而 Niki 流利的英文口语和优秀的组织能力帮助她如愿加入了一家全球 500 强 A 公司，在 A 公司 Niki 先后担任市场助理、市场主任、业绩拓展经理、培训经理等职务。

Niki 在其担任培训经理期间，由她主持的《创建高效组织，为客户创造价值》组织发展项目，在其所辖近 10 家分公司内，客户满意度一年中平均提升 15%，客户投诉数量也从 49 件降为 0 件，优异的项目收益，使这个组织发展项目入围该集团企业的全球创新奖。

在 A 公司深受好评的 Niki，工作十余年后，为了突破自己的职业舒适区，跨行加入了上海一家全球领先的通信技术 B 公司，担任地区人力资源负责人和决策委员会成员。在此期间，B 公司正经历快速扩张期，三年之内该地区员工增长了数十倍，发展成为全球最大的研发中心之一，同时 Niki 先后参与了公司的几次收购和兼并，在变革管理、人力资源体系以及企业文化等方面都有深度参与。

被誉为最懂业务的 Niki 又一次打破舒适区，被民营企业的活力吸引，将自己的职业发展目标定位在民营企业。2015 年 Niki 进入 3D 打印行业，后被任命为 C 公司的总经理。

赋能对话
成就和赋能他人 7 步法

Niki 是一个热爱自由、追求高品质生活的一位知性优雅女性，对自己和对他人的标准都比较高。总经理的职责需要她以身作则，全身心投入这个需要长期奉献的行业当中。集团提供给她高层管理职位、优厚的福利和宽敞舒适的办公室。

有次朋友问她："这些是你想要的目标和愿景吗？接下来的 10 年你会继续当前的这份工作吗？如果再有一次机会，你会如何选择呢？"

带着这些问题，Niki 进行了深度的思考并和赋能师进行了如下对话。

赋能对话

赋能师：你期望的状态和目标是什么？

Niki：对于这个话题，我已思考了一段时间。我对人生成功的定义是成为自己想要成为的人。我发现自己大部分时间用在了团队和工作中，忽略了对自己、家人、朋友的关心，我觉得应该重新思考自己的人生，如何过得更有效率。除了工作上带来的成就感之外，我想用更多的时间来做我喜欢的事。可是最近一段时间我感觉自己似乎被什么束缚住了。

我希望我的工作和生活有一个平衡，更希望我的职业有一个发展空间，将自己的优势充分发挥出来。我希望能成为一个既能赋能发展他人，又可以发展自己的角色——咨询顾问。

赋能师：如果以上目标达到了，对你来说意味着什么？

Niki：我会觉得自己做的事情很有价值，很有成就感。我希望将本我这个角色做好，还要有时间来照顾自己和家人。至于事业，应该更好地发挥自己的优势，做好自己喜欢、擅长的工作。我希望赋能人们在不同的环境下改变自我、实现自我、超越自我，这对我来说是一种成就感，会感觉特别开心幸福。赋能他人，我体会到了给予比获取更有意义。

赋能师：你的现状及困惑有哪些？

Niki：我对努力的方向是否正确产生疑问。

作为总经理需要全面负责业务，而且需要平衡企业内外各方面的资源。职位越高，职责越广，想得越多，付出越多，复杂和操心程度从1变成10。或许大家只看到总经理光鲜亮丽的一面，却没看到总经理付出的是什么，失去的是什么。欣慰的是公司董事会还是非常具有战略眼光的，同时，对短期投资回报率的期待也在情理之中。然而，冰冻三尺，非一日之寒。系统性问题解决和产品领先也非短期可以改善，需要各个利益相关方的长期的承诺和投入。你并不确定自己全心的投入是否能够成功，你会思考自己努力的方向是否正确。因为人生短暂，也许一辈子只能选择做一件事。选对它，就要把它做好。

我的家人不希望我太忙，希望我有时间来平衡工作和生活。可是工作一旦启动，你根本停不下脚步。

赋能师：你自身有哪些优势可以帮助你实现目标？

Niki：我有多年团队管理经验和较强的客户服务意识，另外一个优势就是勇于挑战自己，从职业初期的市场部到后来的人力资源部，再到后来自己创业，加入民企担任总经理，我一直都在挑战自己。每迈出一步，都是一次蜕变。

还有，我擅长培训、教练和咨询，擅长影响和赋能更多的人。我觉得最有成就感的事还是发展人，包括我自己。发挥潜力，赋能他人，成就卓越是我一直追求的目标。

赋能师：为了达成目标，你需要做出哪些改变？

Niki：（1）终生学习，确保自己的知识不断更新。

（2）在现在的企业培养接班人，确保在我离职之后会有人顺利接班。

（3）寻找优秀的咨询公司担任高级咨询顾问。

（4）如果有志同道合的合伙人或者平台，也会开放性地考虑适合自己的机会。

赋能师：你需要哪些人、资源和能量来赋能你完成以上改变并达成目标？

Niki：（1）我需要一些高管职业转型成功的实际案例分享，需要一些资深导师给予我赋能指导。

（2）我需要找到一个合适的平台，不断发展提升自己。

（3）我需要业内人士的推荐，也需要亲人对我的支持和理解。

另外也需要得到老板的理解。我还要留出时间锻炼和学习，健康的身体和善于学习的头脑才是革命的本钱。

赋能师：你的行动方案很不错，如何让我知道你的目标的进展状态和结果呢？

Niki：我准备用一年的时间来执行我的计划方案，我会每月定期和你沟通，让你及时了解我的进展情况。今天的谈话，让我进一步梳理了思路，更加清晰地确定了未来的职业方向，我坚信我一定能成为一名优秀的咨询顾问。我对我的未来充满信心。

Niki总说自己距离优秀还不够，而我们看到的是Niki每天向上的变化。

赋能对话后不到一年，Niki成功转型为一名高级咨询顾问，既赋能他人，又发展了自己，同时能够更加灵活地安排自己的时间——Niki的目标实现了。

无独有偶，1983年，苹果前CEO史蒂夫·乔布斯找到了时任百事可乐CEO的约翰·斯卡利，希望他能够加盟苹果，从当时的企业规模与声望来看，百事可乐比苹果高了不少，但乔布斯说出了这样一句话："你是愿意一辈子卖糖水，还是和我们一起改变世界？"正是这句话点燃了约翰的雄心壮志，吸引他加入苹果公司。

这些案例说明了一个简单的事实，无论是一无所有的奋斗者，还是功成名就的成功者，总有一个火种藏在人内心的某处，而自己却不曾察觉，只有当它燃烧时，才会发觉原来自己拥有远远超过自己想象的能量——梁漱溟《心理的关系》。

今天，职场最重要的就是赋能，要让你整个职场中的数据、信息、知识、智慧等彼此交互。尤其在数字化生存的时代，核心就是如何为每一个组织成员创造平台和机会，而不是仅仅提供一个工作岗位。在职场中，我们更需要通过赋能对话给予能量，改善工作状态，提高工作效率。

既然赋能对话如此有效，那么赋能对话具体包括哪些内容？赋能对话的背后又蕴含了怎样的思维逻辑？实践操作中我们又该如何为对话进行赋能呢？

本书将带领大家逐步去了解赋能对话中所使用的赋能模型，并从赋能模型的原理、七步法具体操作等内容入手，详细介绍赋能模型应用的每一个步骤，结合职场中的实践案例，帮助读者理解、掌握，进而更好地在实际对话中应用赋能七步法。

02

赋能模型（EMPOWER）

"赋能"一词在最近几年的培训、研讨会、演讲、共创、职业生涯规划、领导力等各种场景中是使用频率最高的词汇之一，被企业、学界、媒体、教练、导师、心理咨询顾问等广泛使用。"赋能人才""赋能组织"也成了管理领域的热门词汇。

如何定义"赋能"？赋能最早是积极心理学的一个名词，其含义是"通过言行、态度、环境的改变给予他人正能量，最大限度地激发团队、组织和个人的效能"。

当赋能的作用和意义逐渐被认可之后，很多学者开始从不同的维度展开研究：如赋能对行为的驱动、对自我激励的影响、提高员工内驱力、强化个体工作意义感等。

学者的理论研究更为关注的是，赋能给他人赋予内在的动力和激励，笔者在实践咨询案例中发现，赋能给他人的外在资源和内在能量同等重要。很多场景情形下，面对挑战的人往往处于"只在此山中，云深不知处"的状态，此时比较有效的内在激发加上外在资源协同整合赋能，能给对方带来一种"柳暗花明、豁然开朗"的顿悟与提升。

赋能对话在本书中指的是赋能师通过对话，使用赋能七步法原理来帮助激发、梳理、赋予对方，为达成目标所需要的各种能量、技能、资源、工具、人脉、渠道等，包括内在精神能量和外在各种资源，以及必要时给予的指导建议和专业方案。

赋能模型的内涵

赋能模型是基于教练技术、导师制、心理咨询顾问等理念而整合共创的一种全新模型。赋能模型通过对话实施和验证，继而有效地为对方进行赋能。该模型在标准的对话中包括七个步骤，即七步法。每个步骤要素的英文名称的首字母恰好组成了英文单词"EMPOWER"，中文有"赋能"的意思，这也是赋能模型名称的由来。

EMPOWER赋能模型七步法的含义如下：

1.Expectation 目标期望

明确对方谈话所期望达成的目标，如果目标不清晰，需帮助对方梳理其内心深处的本质目标。

2.Meaning 意义澄清

目标达成的重要程度，以及目标达成给对方带来的影响，设计这一环节的核心目的是了解对方的内在动力和意愿。

3.Present Situation 现状觉察

客观全面地觉察现状能够帮助对方充分了解差距和被忽视的细节，为下一步优势发掘以及行动自发提供支持。

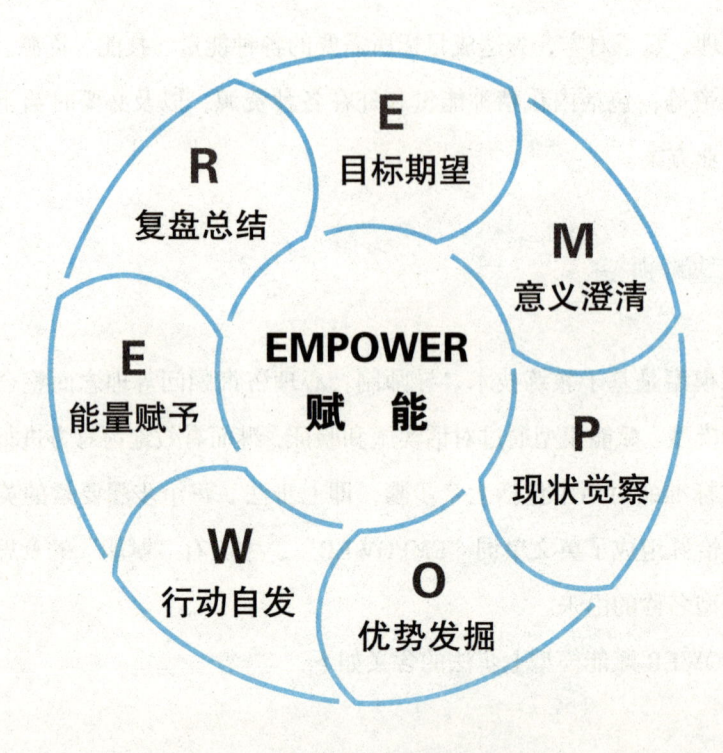

```
        E
     目标期望
  R              M
复盘总结         意义澄清
       EMPOWER
   E    赋  能    P
 能量赋予         现状觉察
     W      O
   行动自发  优势发掘
```

图 1-1　EMPOWER 赋能模型示意图

4.Outstanding Point 优势发掘

探索对方身上具备的有助于达成目标、解决问题的各种优势和资源，通过优势提升其能量并进一步赋能。

5.Willing Action 行动自发

为达成既定目标，积极主动、自发地运用各种资源和优势采取的一系列行动方案或策略。

6.Energize 能量赋予

帮助梳理和赋能对方达成目标所需要的各种技能、资源、工具、人脉，包括精神方面的能量和各种渠道资源，以及必要时给予的专业方案和指导建议。

7.Review 复盘总结

对赋能对话的过程进行总结，并对未来如何达成目标进行跟踪反馈和定期复盘，确保支持对方达成其制定的目标期望。

赋能模型的使用顺序

赋能模型中的七步法是支撑该模型结构的基础，也是赋能模型的精髓，其先后顺序有一定的思维逻辑，所以在实际使用过程中，七个步骤原则上都要使用，在沟通时间和问题的数量上，可以有所删减。在解决一个新问题，或者是刚开始接触赋能模型时，通常建议使用完整七步法。

在使用赋能模型时，笔者不建议打乱七步法顺序，因此使用者需要考虑在每一个环节中是否获得了足够的信息，是否达到了对方的期望。

比如第三步"现状觉察"排在第一步"目标期望"和第二步"意义澄清"之后，这样的排序可能看起来有些不符合逻辑，因为通常情况下，我们会先分析现状再去定未来的目标。但事实正好相反，如果仅考虑当前现状则容易陷入悲观倾向，被过去发生的事情和业绩影响和局限，缺少自信、激情、创新以及长远思维。执着于短期目标甚至会让我们远离长期的宏伟目标。

根据以往案例中目标设定的经验总结，在确认有成就感的长期目标和达成目标所带来的意义和价值感之后，再回顾现状，以及现状和长期目标之间的差距，能够让被赋能者内在动力更足，尽快去考虑如何缩小差距，实现目标。

首先通过一个例子来进行解释说明。比如我们尝试通过分析"现状觉察"，来解决对方在目前单位工资偏低的问题，我们很可能会仅仅基于缓解现有情况来设定目标，比如可能会将目标设定为"跳槽到工资稍高的单位"。

如果我们在"目标期望"环节通过赋能对话，在"目标期望"环节中得知他目前工资低和其职业发展规划有关联，通过确认将其"目标期望"更正为：目前单位未来 3~5 年期望的职业目标。

再通过"意义澄清"环节得知其对未来的期许，希望自己的付出和回报相匹配，而且要有成就感，然后在"现状觉察"中得知现在的职业规划，即几年后可以晋升为高管或首席技术专家，职位晋升后自己的工资自然会增长，而且会远远超出选择跳槽带来的收入。

有了以上这三步要素参与的流程，再次思考之后，我们就不会执着于基于工资偏低这个"现状觉察"制定的短期目标，而远离了更宏伟、更有成就感的长期目标。

赋能师

赋能对话过程的主导提问者，我们称之为赋能师。赋能师在使用赋能七步法时，需要根据对话的实际场景和对方的能量情况来适时转换自己的角色并确定对话的内容，根据对方的需求做出与之相适应的策略和实施方案。

赋能师是赋能对话中的灵魂人物，以赋能七步法为工具，与对方共创解决问题的方案。

赋能对话聚焦于真实的痛点问题，赋能师通过高质量、高赋能、高强度的结构化对话，拓展对方的思维边界，从而在认知、知识、能量等维度，改变对方的心智模式，帮助对方更好地觉察事实、内化知识、寻求资源、启迪智慧，帮助对方解决问题。在必要情况下，赋能师也可以提供具体的方案和指导建议、方法论以及信息资源等。

1. 赋能师的主要任务

赋能师的主要任务包括创建正能量场域、赋能对话、协助对方复盘、行动和目标达成等。

优秀的赋能师要完成这几项任务，不仅需要扎实的理论和实践功底，也需要极强的聆听、发问、提炼、控场和反思的能力，还需要后续密切跟进复盘，必要时需给出一些适合的方案和指导建议，敦促对方落地执行。

很多人将赋能师当作单一的教练、导师、心理咨询顾问、培训师等，认为只要掌握其中的一部分技能就可以了，这其实存在比较大的认知偏差。赋能模型是融合了教练、导师辅导和心理咨询顾问等各种技术的优势、精华、方式方法，且扬长避短之后的七步法整合体。优秀的赋能师不仅要掌握以上技能，还需要对问题本身有洞察，了解本质是什么，更要对人性有了解，捕捉一些人性深处的动力，懂得心理咨询的必备知识，知道如何去同理、启发、点化，以及赋能他人、发展他人、成就他人以达成绩效目标。

2. 赋能师的边界

赋能模型是一种全新的行动学习模式，是以支持对方解决问题为导向的方法和工具。赋能师在赋能对话过程中，一定要掌握好合理的赋能边界。如果超越边界，那么赋能过程就难以达到预期效果。以下是赋能师在赋能过程中的三个原则：

第一，赋能师不是问题的直接解决者。

赋能师并不能代替对方解决问题，而是要帮助对方启发觉察，提供资源、方法论、信息、建议，赋能对方成长，全方位地协助对方解决问题。

第二，赋能师不是评判者。

赋能师不是命令对方应该做什么，不应该做什么，而是要营造同理心氛围，创造正面积极的场域，激发对方的潜能，充分调动对方的优势和能量来赋能，使其达成绩效目标。赋能师应该尽量避免告诫或批评对方。

第三，赋能师不是万能灵药。

并不是所有人都适合被赋能达成其目标，赋能师只能对那些有强烈愿望的需求者起到相应的作用。对方如果不是自愿来参加对话，不是自愿想改变现状达成目标，赋能的效果就不能很好地体现，可能只会起到部分作用。另外赋能对话通常也不是一次谈话就能达成目标的，而是根据对方谈话后思想和行为改变的情况，需要多次对话和循环复盘巩固才能达到最佳效果的。

03

赋能师与教练

教练理论

在赋能模型中,其核心的原理基础之一来源于目前被学者、职场人士广泛学习和应用的教练技术理论。

成立于 1995 年的 ICF(国际教练联盟)对教练的定义是:教练是对方的合作伙伴,通过发人深省和富有想象力、创造力的对话过程,最大限度地激发个人的天赋潜能和职业潜力。教练帮助对方有效识别并去除限制其潜力发展的干扰,通过整体了解影响其潜力发展的综合因素,改善绩效。

教练是一门通过完善心志模式来发挥潜能,提升能力和绩效的管理技术。教练研究关注的是如何将人的潜能释放出来,以实现更大的目标。

1. 教练公式

个人绩效 = 个人潜力 – 发展的阻力。

2. 教练的信念

不论何时都相信,每个人都会为自己做出最好的选择;不论何时都相信,每个人是会改变的，每时每刻都在改变。

教练相信所有人都是富有创造性的存在，拥有自主解决问题的丰富资源。世界上不存在无能的人。教练相信每个人都是掌握自己的"金钥匙"的那个人，只有自己才有适合自己的方法和行动，并通向"成功"的那扇门。教练的工作就是将其引导到"找到金钥匙并付诸行动"的路上。

教练关注的是未来的可能性，而不是过去的错误。教练的本质是将对方的潜能激发出来，帮助对方达到最佳状态，重点是通过激发潜能帮助对方成长而不是给对方建议，不是给对方培训授课。教练坚信我们都有内在的、自然的学习能力。人像是一颗橡树的种子，每一颗都蕴藏着可以成长为参天橡树的潜质。

谈到教练，就会涉及教练中非常经典的理论工具GROW，它为教练提供了一个非常重要的思路框架，并为教练工具的使用起到了锦上添花的作用，让教练工具能够展现出更大的价值。GROW中的四个英文字母分别代表目标、现状、选择、总结。

目标是指，教练和教练伙伴为谈话确定一个特定的目标或方向。

现状是指，明确目标后，要共同探索教练伙伴的现状，包括那些阻碍目标实现的干扰因素，"他们想达成什么目标"和"他们的现状"就是现实的差距，这也是要继续为之努力的方向。

选择是指，可供选择的策略或行动方案，是帮助教练伙伴进行路径选择。这一步最重要的是，在面对诸多选择时，首先想到的方案，往往不一定是唯一方案，也未必是最佳选择。

总结是指，包括该做什么、何时做、谁做、有何意愿等，教练和教练伙伴双方要明确已选定的方案落地并执行，拟定好时间表，规划监督流程和提供何种支持以达成目标。

教练在职场中的应用

1. 普通员工的应用

Kevin 是一家德资企业的工程师，最近他向主管提出了辞职，原因是他目前的工作内容与其职业发展目标不匹配——他想成为一位优秀的技术专家，但是手头的项目要求他做太多的日常协调工作，没有时间用在技术知识的学习与研究上；另外，他目前的职能范围并不能为自己提供技术上的进一步提升的空间。

他的主管运用教练的方式和他沟通，让他选择几种可行的方案来改变目前现状，其中提出如有机会派他去德国总部深入学习技术是最好的选择。经过公司内部商议，可以安排他去总部学习，并承诺在学习结束后让 Kevin 转岗到研发部门从事技术开发工作。Kevin 觉得既然可以在目前单位就能达到自己期望的职业目标，又可以去总部学习，就没必要辞职跳槽去其他单位，所以他最终决定继续留在该企业工作。

2. 技术转型管理者的应用

职场上有很多技术专家转型成为团队管理者的成功案例，但也有不少转型不成功的案例。Tom 就是众多转型失败的技术专家之一——他从一个自信满满、单打独斗的技术专家，变成了一个迷茫、没有信心的部门经理。

由于下属技术能力欠缺，因此很多工作都是他亲力亲为。老板建议他要多花心思在管理团队上，下属抱怨他不会激励团队，没有为下属创造学习发展的机会和平台。Tom 觉得他在晋升后付出比之前多，却得不到老板和团队成员的认可，便很郁闷，这极大影响了他的工作状态、效率和业绩。

之后他找到了公司的人力资源总监进行一对一的教练。不久，下属团队成员反馈结果为：Tom 变了，变得更加懂得授权和鼓励员工成长，关注员工的职业发展了。老板也夸奖他，说他的技术转型管理很成功。得到了老板的认可，Tom 非常开心和欣慰，说教练启发了他如何去思考，去授权，去更多地激发员工，了解员工的想法，鼓励员工主动去行动。教练技术帮助他成功从技术专家转型为团队管理者。

3. 中高层管理者的应用

John 是某企业制造部的高级经理，管理着 60 多名工程师。他的主管叫 Paul，是一位法国人，担任部门总监。Paul 和 John 三年前是平级的同事，后来 Paul 被内部晋升为总监。

三年来，John 和 Paul 的关系一直相处得不太融洽，John 抱怨 Paul 不是一个合格的上司，不懂管理，经常越级管理他的下属，不考虑他的感受，也不采纳他的建议。他说 Paul 对他不信任，对他有偏见，甚至传出 Paul 计划将他调岗到其他部门，而 John 想留在制造部，为此，他找到了公司副总裁进行了一对一的教练。

在教练中，John 突然意识到问题出在自己身上，深层原因在于他对三年前 Paul 晋升为自己主管这件事一直不能释怀，三年来他内心从来没有接纳 Paul 成为自己的主管。他也从来没有从 Paul 的角度来考虑问题，更没有主动配合 Paul 的管理工作。在找到深层原因、摆正自己的位置之后，他列出了具体的行动计划。几个月之后，他很欣喜地告诉副总裁，他不仅得到了主管 Paul 的信任，还被委以重任承担了更多的部门管理工作。

他说教练让他找到了出现问题的深层本质根源，从而改善了与主管之间的关系。

赋能师与教练的关系

教练在职场中的应用非常广泛，有着相当大的受众基础，某些场景下，教练也有其局限性。

教练的信念是不论何时都相信每个人会为自己做出最好的选择，有能力解决自己面临的所有问题。在实际情形中，由于时间阶段、层次、经历和经验不同，并不是每个人都可以完全靠自己目前的能力来解决所有的问题，他人必要的指导建议和方案在关键时刻能起到比较大的作用，能让对方在通往目标的道路上少走弯路。这时候赋能师的综合赋能作用就有了用武之地。

很多人不适合被教练，只有针对那些基础能力和意愿度均符合的对象，教练才能发挥最佳的作用。实践证明，很多人迫切希望被培训，被指导，被赋能，因不符合教练要求的以上两个条件，尤其是对方不具备达成目标应有的必要基础能力，由此可能会错过被赋能的机会。

笔者作为教练，多年来赋能过众多的大学生、办公室职员、工程师、中层主管和企业高管，为他们的职业发展带来了很大帮助。笔者深知教练的职业准则，比如不给对方提供任何建议或方案，因为教练的信念是不论何时都相信对方会为自己做出最好的选择，坚信对方一定能找到解决问题的最佳答案。

但是在实际教练过程中，笔者也曾遇到过很多次对教练辅导有挑战的场景，对方真心希望教练给予一个合适的建议或者方案，因为自己实在是比较迷茫，不知道未来在何方，不确定接下来该怎么办。对于他们来说，由于受自己当下的能力和所处的阶段及周围环境的限制，有时确实需要一些合适的建议、方案和辅导，以避免自己走弯路。但教练如果这样做就会违背教练的边界准则，此时赋能师的出现就比较适合这个场景，给些建议和行动方案，从不同的角度来赋能帮助对方解决问题。

从对方的角度来看，对方并不需要教练来证明对话中的教练技术有多么专业，对方需要的是帮助他解决当下的实际问题，帮助其达成目标。不管辅导者是多么专业的教练，如果不能协助解决对方面临的问题或帮助其达成目标，对方的满意度也不会太高。这也是笔者在经历无数次教练辅导后面临的挑战，对方希望有一种更全面、更综合高效的赋能方法，这一切都促进了整合赋能的发生。

本书赋能模型中赋能师的角色就这样应运而生了，既吸收了教练角色的精华赋能，又填补了教练的部分局限性，在对方有需求的情况下，可以给予对方建议和方案来进行综合赋能。赋能模型的EMPOWER七步法就是在教练GROW模型的基础上，提出新的框架和理论体系，整合迭代了其他相关理念而产生的。

04

赋能师与导师

导师制理论

导师起源于师带徒的概念，即一个年长的、知识技能经验更丰富的个人从自己的角度来传递经验与技能，建议任务如何完成，以及传授在商业世界中所需的相关知识。

导师（Mentor）的概念有着相当长的发展历史，其主要是指为被辅导者（学员）提供指导、训练、技能传授、岗位辅导，乃至日常行为矫正忠告和生活指导，并结下友谊的个人角色。

导师制在职场中的应用很广，主要是进一步发展高潜力人才、新任管理人员、新入职员工、特定项目中的员工等，是企业留住人才、发展人才、培养接班人的良好体制之一，也是发展和增加员工的忠诚度与组织归属感，建立和加强人才储备的常用策略。

在我国，导师制是传统师带徒的现代版本，是师带徒在应用领域的扩展，从手工艺领域扩展到所有有关知识、技能的领域，又是师带徒在指导范围上的扩展，指导的内容不仅包括知识、技能，也包括品行、思想、态度、职业发展等方面。

导师制在职场中的应用

导师与学徒之间的关系发展至今，已有正式和非正式的区分。现代企业中实施的导师项目一般属于正式的导师辅导。

导师制在企业中指经验丰富、有良好管理技能的资深管理者或技术专家，与新员工或极具发展潜力的各类员工建立的指导、赋能、辅助其成长的支持性关系的一种制度和机制。

通常企业中正式的导师项目会包括以下几个阶段的工作：

1. 启动准备

此阶段要求所有相关方达成共识；明确导师项目的价值、实施目标和最终结果；获得公司高管的支持；根据企业文化和人才需求，量身定义导师制具体内容；定义项目成功的衡量标准；明确项目对学员和导师的益处；确定资源投入并启动正式的介绍会。

2. 匹配组队

此阶段需要建立导师数据库；确定需要辅导的对象和匹配的形式；根据不同辅导对象的需求匹配导师；主题专家轮换；明确导师和学员的各自职责；双方匹配成功并书面确认；制定辅导目标计划书；根据需求和环境来确定辅导的形式和地点。

3. 赋能指导

根据导师制计划目标来进行定期（日常、月度、季度）辅导；双方要进行及时有效的反馈；项目团队成员对导师和学员提供有力支持；提高导师技能，给导师及时的奖励和认可；导师提供有效资源、技能、经验、工具和人脉，给学员赋能；组织开展导师社群活动和全体成员的社群活动。

4. 有效评估

评估通常有四个等级，即反应、学习、行为和成果评估，双方的体验感和满意度尤为重要；学员的直接主管要反馈学员辅导后的行为改变效果；辅导后进行调查问卷和结果汇总；对项目管理团队进行评估和反馈；导师制项目还要进行定期总结和报告，以便进行持续跟踪改进和优化。

应用案例：

> IBM全球导师计划，又称跨国界导师计划，是开展得比较成功的企业导师项目。最早于2007年在一个国家试点，由该国家高绩效的员工与美国经验丰富的高管组成。该计划最初的目的是希望将美国导师的商业智慧和领导技巧转移到子公司徒弟身上。计划实施后，子公司及其员工绩效得到了显著提升。于是IBM将导师制模式复制到了全世界，通过不断完善形成了现今的全球导师计划。

赋能师与导师的关系

导师制在企业人才梯队培养上发挥了重要作用，但在实际运行的某些场景中，也有一定的局限性，主要表现在以下两个方面：

第一，特定领域的单一知识灌输和告知，对方只是被动地接受导师的建议、信息和指导，并没有挖掘自己内在的巨大潜力。

第二，导师分享的这些适合导师的技能和成功经验未必适合对方，因为每个人的性格、特质、优势与劣势、行为风格、资源、目标和需求都不同，所以传授的这些经验能使导师本人成功，但未必能使对方成功。

正是因为每个人都是不同的个体，有不同的特质和优劣势，因此并不是所有的人都喜欢被教导和被告知。尤其是年轻的"90后""00后"员工，他们更希望能在一种不断学习、不断创新、开发其潜能和充满激情的工作环境里工作，更希望被主管激发、催化和认可。他们希望主管能充分开发每位员工的创造性、自主性及潜力，让他们有更多的深度思考和学习，有更好的发展空间，而不仅仅是告知或者命令他们应该怎么做。此时赋能师的出现就比较适合这个场景，通过激发对方的潜能，尽量让对方先找到解决问题的行动方案，然后再补充，直至协助对方达成目标。

赋能师融合了导师和教练各自的优势。在赋能对话实践中，由于自身背景和经验的关系，对方往往寻找方案许久却还是一无所获，在这时，就非常希望有人帮助自己捅破窗户纸，提供工具与使用方法，或者分享经验，甚至直接提供答案。在众多实践案例中，赋能师会在深度激发和点燃对方的潜能之后，让对方先列出行动方案，然后再根据对方的实际需求，结合他当下的实际情况给予建议方案、经验、方法和信息分享，而不是在一开始就直接告知方案。

05

赋能师与心理咨询顾问

心理咨询的理论

　　心理咨询中的职业咨询与指导理论来源于 1908 年美国的帕森斯在波士顿设置的职业咨询所。之后，作为心理咨询职业指导的创立者，帕森斯于 1909 年撰写了《职业的选择》一书。在该书中，他系统地论述了有关心理职业咨询的理论与实践方法，并且在全世界范围内第一次运用了"心理职业指导"这一专门学术用语。

　　如今心理咨询的应用范围越来越广，逐渐成为职场和生活中的必需品，在职场管理中，我们总会看到它的身影——组织行为分析、个性分析、焦虑抑郁、同理心沟通等，这些都会运用到心理咨询方面的知识。生活中，尤其是 2020 年之后发生的全球新冠疫情，让很多人增加了不明原因的心理烦恼和焦虑，自己不知如何应对，因此也希望获得精神方面的心理援助。

　　本书关注的是职业心理咨询的相关内容，主要解决对方因职业选择或职业变化，以及职业适应与发展方面引起的各种烦恼和困惑。

　　作为职业心理咨询与指导的专业心理咨询顾问，不仅需要掌握一般的面谈技术与心理测试知识，还必须了解当前国家的宏观政策、劳动市场环境、职业工作环境，以及社会的经济动向。

心理咨询目标的达成往往有时间限制，例如职业更换工作期间、在岗期间的职业危机、下岗待业期间、职业选择决定期间等。当然，职业方面的烦恼往往还伴随着心理危机，如果不及时介入，问题会越来越严重。所以，必要时还需要使用心理咨询的一些工具，甚至心理治疗方面的技法来缓解一些情绪性问题。

我国心理职业咨询与指导的开展可以追溯至 20 世纪初期的五四新文化运动时期。到 21 世纪，我国的心理职业咨询与指导工作有了更好的发展，尤其是在北京、上海等大城市，心理咨询与指导的实践探索已经与国际接轨。例如上海一些大学对大学生的职业生涯规划与职业选择教育工作已经常规化，并实行了"心理咨询顾问""职业咨询师"等职业资格认定制度。上海市政府还开展了面向社会成人的职业发展援助与企业员工的员工援助项目服务等。

心理咨询在职场中的应用

张女士是一位职场上的精英和女强人，其团队有上百名员工。在销售和谈判能力上她有着非常清晰的思维逻辑，深受老板和同事的认可。她在这家公司工作 10 多年，一直担任销售总监。在她的领导下，公司每年的销售业绩稳步提升，客户满意度也很高。凭借其优秀出色的工作能力，她在 2021 年晋升为公司副总裁，主要负责销售市场、项目管理、物流采购和法务等。性格要强的张女士，面对新的职责和挑战，更是将大部分时间都投入工作中，她想在短时间内，尽快熟悉新业务，做出新业绩，让自己的工作得到老板的认可。因此，刚上任的她每天加班是常态，周末还经常要去苏浙沪一带出差拜访客户，去巡查各分公司的销售运营状况。

工作和生活有时候是难以平衡的，因为疏忽了对家庭的付出，与丈夫有了隔阂，婚姻难以持续，这让她很烦恼。

之后她在上班期间经常一人莫名发呆，精神恍惚，记忆力减退，注意力很难集中，特别是在与几个重要客户拟定合同时差点出现大错误。开会期间也是经常走神，对下属的管理松懈，也无心情安排出差，严重影响了她的正常工作。老板觉察后，几次和她谈话，但是家庭发生的变故对她而言打击太大，所以短时间很难走出，久而久之，她感觉已经抑郁了，再这样下去肯定会出大问题的，而这样的事情又不能随便找人倾诉，更不好意思和老板说，她感觉自己快要崩溃了。

幸运的是，张女士意识到了自己的情绪和行为状态，她有迫切的高意愿度希望得到咨询和帮助，她的咨询目标就是能找回以前她在工作和生活中的状态和自信。当然她更希望继续维持这段婚姻，因为彼此之间依然有牵挂、依赖和爱，所以如果能与丈夫和好是最好的结局。但是如果最后的结果是离婚，她也能接受，只是希望自己早点从要崩溃的状态中走出来。

心理咨询顾问在访谈过程中，除了同理张女士的现状外，还充分挖掘张女士自身的优势和之前事业成功的体验，激发了她的潜能，增强了她的自信，并帮助她找回了之前工作和生活的状态，最终帮助她恢复了心理健康，能够正常地上班工作，达成了她期望的目标。

同时心理咨询顾问还帮助张女士看到被创伤掩盖的自我需求，帮助张女士找到自己的优势，进而让她看到希望和愿景，给她赋能，重新激活她的状态。

赋能师与心理咨询顾问的关系

心理咨询顾问根据自己的专业经验，帮助对方看到过去的自己，梳理什么原因造成了现在的状况，同时激发出对方内在的力量，为对方找到解决方法，从而达成目标。只有完全自愿参加心理辅导的人，心理咨询才能在对方身上发挥较好的作用。现实中很多人对心理咨询带有一定的偏见和抗拒，认为只有精神有疾病的人才会去接受心理咨询，很多人并不愿意接受心理咨询服务。

心理咨询顾问更多地关注对方在过去发生了什么才造成了现状，尤其是原生家庭方面，以此来判断形成当下现状的原因。但是，很多人并不希望过往的痛苦和内心的伤疤重新被扒开来探究。对于部分不太专业的心理咨询顾问来说，很容易将对方的内心伤疤大面积地拨开了，但缺乏疗愈和缝合伤疤的能力，这会给对方造成更大的心理创伤。

赋能师不会去碰触对方的创伤历史，而是根据对方未来想达成的目标期望来展开赋能对话，更多的是挖掘对方的潜力和优势，协助对方解决问题，达成未来的目标。当然，在赋能对话过程中，赋能师也同样会运用心理咨询顾问的理念和工具，比如同理心倾听、澄清事实、接纳、用心陪伴等，协助对方建立自信、达成目标。

以上提到的赋能师、教练、导师和心理咨询顾问，他们的共同之处都是为了给对方赋能，帮助对方达成目标。为了更好地理解赋能师和教练、导师、心理咨询顾问的差异，笔者做出以下总结，从角色、信念、关系、关注点和方法论方面做了说明。

原理篇
赋能模型概述

表1-1 赋能师和教练、导师、心理咨询顾问的差异

维度	教练	导师	心理咨询顾问	赋能师
角色	激发者	指导者	方案提供者	整合共创者
信念	相信对方的潜能，不给对方建议	相信自己的经验，给对方建议	相信自己是专家，给对方解决方案	相信双方共创，给对方按需赋能
关系	合作关系	师徒关系	顾问关系	共创关系
关注点	未来	现在、未来	过去、现在和未来	过去、现在和未来
	听多于说	说多于听	视情况听和说	强有力的互动对话
	提问和激发	给建议和指导	顾问是专家	整合灵活赋能
	让对方自己找到解决方案	对方通过指导找到解决方案	直接给对方解决方案	与对方共创解决方案
方法论	GROW基础模型	导师个人经验	各种心理咨询理论	EMPOWER七步法

笔者根据多年来的实践和观察发现，各种理论都有其优势，都有可能帮助赋能到对方而取得积极的结果。同时由于各自角色的局限性所限，在某些场景下，单纯的教练、导师或心理咨询顾问有可能不太适合解决对方当下面临的痛点。

客户的目标非常明确，只要能够协助客户解决问题，达到目标的方法就是受欢迎的好方法，客户并不在乎你的角色是不是纯专业的教练、导师或心理咨询顾问等，也不需要证明你在技术上有多么的专业、戴什么角色的帽子，客户只需要你能帮助解决他面临的问题就行。通常纯专业的教练、导师或心理咨询顾问都有自己完整的专业体系和准则，违背了这个准则，就不太可能通过考试认证，就不是该领域内的专家，头顶上戴的就不是这个专业角色的帽子了。

综上，笔者在此想特别强调的是：各种角色之间没有对错和好坏之分，只有适合和不适合的选择，根据实际需求，适合客户的角色就是最佳角色。赋能模型中的赋能师也是其中的一个角色，赋能师融合了教练、导师、心理

咨询顾问等角色的各自优势并填补了其部分局限性。在实践操作中，根据当时的场景，赋能者的气场是否与受能者在同一频道、角色是否适合对方等都需要灵活调整运用，才能更好地整合赋能到对方，达成目标。

06

赋能模型的道与术

赋能模型的道

庄子说:"以自然之道,养自然之身;以喜悦之身,养喜悦之神。"那么,赋能模型的道是什么呢?又是如何通过这个道来反哺赋能模型这一理论呢?

赋能模型基于教练技术、导师制、心理咨询顾问等众多管理学理论,经过多年实践后的自我感悟而生成,因其七步法的每个英文单词首字母正好是赋能的英文单词 EMPOWER 的七个字母,所以该模型被命名为赋能模型。

该模型从最初的模型初现、探索确认以及后来在实践中的运用,经验证的确可以为对方赋能,使对方受益良多。

在实际应用中,通过激发和赋能等方式,并进行目标期望、意义澄清、现状觉察、优势发掘、行动自发、能量赋予、复盘总结的七步法对话,赋能师洞察并协助对方,向内唤醒并挖掘其潜能,向外寻求各种可能的资源,寻找解决方案,最终有效达成目标。

相信对方考虑所有综合因素后能在当下做出最好的、最富有创意的选择和解决方案,而不直接给对方建议,这是教练的指导原则。

人的本质是富有创造力的,存在无限可能。每个人都有自身的盲点,教练就像个回音板，不给建议，而是通过强有力的结构性对话激发对方找到最适合他的行动方案，让对方从聚焦问题向聚焦未来解决方案的成长型思维转变，让对方关注目标，探索不同的可能性和行动，并坚信对方可以找到解决问题的最佳答案，并达成目标，这是教练的道，也是赋能模型的道之一。

在赋能对话中，根据对方的实际场景和状况适时地引入导师和心理咨询顾问的一些功能，会在对话中收到对方非常满意、意想不到的反馈和感激。

他们有时候身在庐山中，不知真面目，这时候赋能师根据自己的经历或成功经验以及专业知识对其进行引导，给对方适中的建议或方案辅导，成功助力对方达成目标，这是赋能模型的道之二。

有时候对方苦思冥想难以找到出路，便想与教练进行交谈，对方也不在乎专业的教练必须要坚守某些准则，对他们来说，只是想通过谈话来解决面临的疑惑，并不去考究赋能师在整个过程中采用了什么方法。这时候如果我们坚持教练的准则不给予对方建议，可能会让进行中的谈话处于尴尬局面，达不到理想的效果。

有时，赋能师一个建议或者一次资源的对接，就能帮助对方进入"柳暗花明又一村"的境界，让赋能对方的谈话向更加积极的结果发展。这时候赋能师就像是催化剂，它没有否定原来存在的部分工具职能，只是在管理工具的融合过程中，催化赋能模型的道发生了新的变化。

本书中赋能模型的道有教练技术、导师制、心理咨询顾问等管理工具合身后的爆发力，又有分身后的针对性指导意义，这就是EMPOWER赋能模型的魅力和影响力所在。

赋能模型就是在融合了多种理论的基础上，提出了新的框架和概念。当前各种赋能理论开始出现逐步融合、取长补短的趋势。各个赋能者也不再固守一成不变的原有理论和技术，开始尝试在自己原有理论基础上，吸收其他理论的精华并有所创新。

赋能模型的术

赋能模型中的七步法将在本书中的第二部分进行详细介绍，其中包括了每步的定义及如何使用。另外，模型中作为灵魂人物的赋能师需要有深厚的理论和实践功底，更需要极强的聆听、发问、指导、控场、提炼、萃取与反思的能力。

开始赋能对话之前，双方之间建立信任是最基本的对话前提。双方之间没有建立信任，就不可能产生高质量的赋能对话。

谈起历史上的商鞅变法，至今仍让人津津乐道。为取得民众对变法的信任，只要将一根木头简单地移至另一个地方，就可以得到一笔巨额奖金，有人做了，秦王信守承诺给予了奖励，信任就建立了，变法有了一个良好开端。同样，再专业的赋能师，如果得不到对方的信任，或者不信任对方，赋能对话都不可能顺利进行。

沃伦·巴菲特说："信任就像是空气。当它存在时，我们浑然不知；当它不在时，每个人都会觉察。"

建立信任是赋能模型的重要之"术"，建立相互信任需要有两个维度，一是要相信他人的人格（动力），即双方的诚信、出发点、目标和想法是否一致。二是要相信他人的能力，即双方是否有将目标和想法实现的能力和经验。

信任是什么？是一座桥梁，连接你和我；是一种在乎，在乎你的在乎；信任是能力，是智慧，更是承诺。信任由四个核心要点组成。

第一个核心是诚实。诚实包含了完善的人格、履行诺言、言行一致、表里如一。多数破坏信任的行为都是不诚实的行为。

第二个核心是动力。动力关系一个人的目的、方案和追求的结果。如果动力很纯，不仅在乎自己，还真诚地关心他人，信任就会增加。

第三个核心是能力。能力是提升信心的手段，包括天赋、态度、技能、知识和方式，这是创造成果的手段。

第四个核心是成果。成果指的是记录、业绩表现，也就是做过什么事。如果不能完成既定目标，就会削弱信任。

这四个核心每一个都非常重要，它们是一个整体，缺一不可。用一棵树做比喻，就可以看清楚信任的四个核心的重要性。

"诚实"是在地表以下的基础，是信任之树赖以生长的树根。"动力"是地表之上的树干，"能力"是树枝，"成果"就是树上的果实，是可见的、可触摸的、可衡量的结果，最容易进行评价。

信任是可以生长的，是可以学习培养的。

在《认知觉醒》一书中，笔者将大脑分为原始脑、情绪脑和理智脑。在马斯洛的五大需求中对应如下：原始脑帮我们追逐基本的动物需求，比如基本的衣、食、住。情绪脑则高级一些，让我们努力地追求安全感、爱和归属的需求。理智脑最高级，是追求自我价值的实现。在赋能对话中，当对方的情绪脑感觉和你在一起时会很舒服和安全，他的潜意识里就会认同你，双方之间具有亲和力，彼此能信任。让对方的情绪脑放松下来，愿意为对话而敞开心扉，这就是术的境界。认同对方，信任对方，找到双方共同的频率并共振，与对方建立深层次的对话链接。

赋能师就是需要创造这样一个积极的、正向的、相互信任的对话场域和氛围。

赋能师五项能力

在建立相互信任对话的前提下，要成为一个优秀的赋能师，还至少要具备以下五项能力，我们称之为雪茄（CIGAR）能力模型（如图1-2所示）。

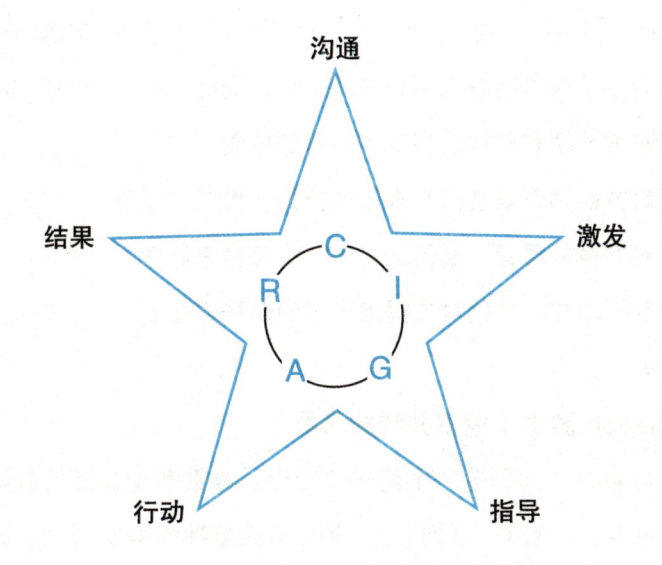

图1-2 雪茄（CIGAR）能力模型示意图

1.Communication 沟通（积极聆听和有力发问）

定义：支持对方自我表达，专注聆听对方深层次想表达的信息，而不仅仅是表面谈话。通过强有力的提问、静默、隐喻等技术和工具，提升对方的觉察力和学习力。

- 了解对方的背景、身份、环境、经验、文化，确保信息沟通深入全面；
- 反馈或总结对方沟通的内容，识别并确认对方正在沟通的信息；

- 接纳并关注对方的情绪、能量转移、肢体语言、语调或其他言谈举止，以确定正在沟通的信息；
- 观察对方在整个谈话中的行为和情绪变化，以确定谈话的主题目标；
- 在决定提问时要考虑对方的经验，根据对方的需求调整问题；
- 向对方提出有挑战性的问题，以此激发他们的觉察力或洞察力；
- 询问对方相关的问题，比如他们的思维方式、价值观、需求、期望和信念；
- 提出有助于对方超越当前思维的方案，突破自我设限的想法；
- 邀请对方分享和总结其当下的体验和感受；
- 帮助对方识别影响当前和未来的行为、思维或情感；
- 支持对方换位思考，重新从另外一个角度来思考；
- 在采取行动时，鼓励对方提出更多的选择方案。

2.Inspiration 激发（挖掘并释放潜能）

定义：与对方共同创造一个信任、安全、尊重和支持性的氛围与环境，鼓励对方自由表达。通过一系列有方向性、有策略性的激发，洞察对方的心态，向内挖掘潜能，向外发现可能性，支持对方达到期望的绩效目标。

- 尽力去了解对方的背景，包括他们的身份、所处环境、经验、价值观和信念，能够适应对方；
- 接纳并尊重对方在访谈过程中的独特才能、见解和行为；
- 接纳并支持对方对感受、感知、关注、信念和建议的表达，展现同理心、支持和关心；
- 展示公开性和透明度，与对方建立信任，创造一个安全、舒适的空间，让对方放心地与自己进行交流；

- 专注、觉察力、同理心和反应力；
- 在对话过程中，展现出与有强烈情绪的对方一起合作的信心；
- 创造或允许静默、暂停与反思的空间；
- 善于发现对方的优势和强项，继而去更好地赋能对方；
- 挖掘对方实现期望目标的动力和内驱力，并将之转化为执行力；
- 像一面镜子一样，让对方能清晰地看到自己，继而进行调整；
- 用对方选择的、习惯使用的语言进行交流；
- 展现出好奇心，以了解和学习更多与对方有关的任何信息。

3.Guidance 指导（专业辅导的能力）

定义：理解并持续应用各种咨询指导的职业道德准则和标准来进行指导，发展和保持一种开放、好奇、灵活和以对方为中心的状态。具有极强的自我觉察力和主动意识，与对方一起展现开放、灵活、脚踏实地和自信的风格，提供专业的指导、建议、方案、渠道、资源和人脉等各种赋能信息。

- 在与对方的互动中体现出个人的正直和诚实的品性；
- 对方的身份、环境、经验、价值观和信仰需要清楚了解，尊重他们的语言；
- 遵守职业道德规范，坚持正确的价值观，必须对相关信息保密；
- 持续不断地学习、练习和反馈，以提升赋能师的各项技术水平；
- 认识并接纳环境、文化对自我和他人的影响；
- 提升赋能师的自我觉察力，更好地为对方赋能；
- 识别并管理好自己和对方的情绪，提高情商，与对方保持同频；
- 从心理和情感方面为赋能做好准备；
- 在赋能过程中表现出好奇心；

・明确对方需要对自己的选择负责，适时给对方提供建议和资源；

・客观地分享觉察、见解、感受和建议，在合适的时机提供专业的方案和相关的资源、渠道和人脉，这些都有可能为对方创造新的学习机会，给对方更多的赋能；

・提供适合对方的建议、方案或最佳的实践经验案例、渠道、资源和人脉等各种信息。

4.Action 行动（计划和执行能力）

定义：支持对方将学习和觉察力转化为行动，支持对方成长，提升对方在赋能过程中的自主权。

・支持对方将新的意识、觉察力或学习融入其世界观和行为中；

・支持对方设计目标、行动方案和问责措施，以整合和扩大学习范围；

・接纳并支持对方自主设计目标、行动方案和问责措施；

・支持对方从确定的潜在结果或从确定的行动步骤中学习；

・邀请对方思考如何继续行动，包括资源、支持和潜在障碍；

・支持对方总结赋能对话中或不同辅导间的学习要点和见解；

・庆祝对方的进步和成功；

・与对方一起完成对话辅导后的行动；

・支持对方在赋能对话之外设计行动或活动（实地调查），以继续探索，增强意识和学习能力，并朝着期望的目标迈进；

・和对方一起设计目标、学习方式，以及需要的同频活动；

・支持对方的行动包括思考、创造、实践等；

・让对方将设计的行动与他需要的其他方面联系起来，从而扩大对方学习和成长的范围；

• 形成一种与对方发展并保持高效的赋能行动的能力。

5.Result 结果（赋能目标达成）

定义：根据预设的目标，定期复盘，持续跟踪目标结果的达成状况，直到协助对方达成目标。

• 关注促进对方进度、审核、复查、定期回顾、结果导向的要点；

• 管理进度并提高对方的责任感和执行力度；

• 能够专注于对方重点关注的事，并让对方掌握主动采取行动的能力；

• 专注于对方重点关注的事，并使他们对自己负责；

• 让对方确定自己选择的问责方法，并为这些方法提供支持；

• 对方确定谁应该加入其问责制团队，以及如何调配使用每个人，包括赋能师；

• 相信对方要为自己负责，如果未达成一致，则主动要求对方说明或讨论；

• 邀请对方探索他在对话中想要完成何种具体行动并给予承诺；

• 帮助对方设计将要采取的行动，以便对方继续朝着其期望的目标迈进；

• 和对方一起庆祝目标的达成。

以上五项能力中，**沟通中的倾听能力**是第一步，也是最容易被忽略的关键能力。要支持客户自我表达，聚焦表达出的和未表达出的潜在内容，根据客户的意图来理解。如果没有充分的倾听，赋能对话的一切技巧都是空中楼阁。

听，即要用耳朵、眼睛、嘴巴、心和脑来听。好的聆听是对方认为你听懂了他的话，只有你懂他了，才能真正做到聆听，而不是在听之前你心中就已经准备好了相关内容，为了接下来更好地与对方辩驳，在听的过程中，你只选择去听那些你想听的内容。

奥托·夏莫是麻省理工学院斯隆管理学院高级讲师，也是组织学习运动先驱，在其《U型理论》一书中也强调了倾听的重要性，并将倾听划分为以下四个层次。

层次一：下载式倾听。

表面上似乎有听的姿态，实际内心在不断根据已有的思维框架和脑中已存在的内容进行评判，对方说的哪一句话有道理，哪一句话是错误的。

很多公司负责人的倾听就是这种模式，下属话刚开口还没说完，他就大手一挥说："你不需要讲了，我知道你的问题在哪里，你就按照我说的去做就可以了，不要想太多。"下属有话没机会表达，只好听老板的，内心充满无奈和委屈。

这种模式是以老板为中心，老板觉得自己是最聪明的那个人，下属只要去落实他的想法就可以了。久而久之，下属就养成了老板想听什么我就讲什么的习惯，不讲真话，结果就是老板成了聋人和盲人，听不到下面的声音，真实的问题看不见，只能天天抱怨团队的执行力差，计划好的事情都完不成。

层次二：事实式倾听。

大家开始学会了悬挂，不再急于评判，而是认真去了解事实的真相，不再是只听我们想听到的，只看到我们想看到的。

这个阶段的团队在会议中反而容易陷入激烈的争论，你说你的意见，我亮我的观点，针锋相对，各不相让。有人可能会奇怪，难道吵架的团队比一团和气的团队进化得还好吗？从团队发展的角度来看，的确这样。正如凯文·凯利在《失控》这本书中指出的，对一个生态系统来说，均衡即死亡，而适度的冲突才是促进系统进化的力量。

企业也是这样，表面的一团和气和老好人的和稀泥实际就是团队走向死亡的征兆，一个有独立思考能力、坚持观点、真心关切问题的团队是不可能没有适度冲突的。这种模式是大家从不同的角度讨论而逐步看清一个核心问题的全貌，从以一个人为中心转移到众人的系统边缘上来，让我们可以更好地进行系统性思考。

如果说倾听层次一（下载式倾听）是"我是我"，那么层次二（事实式倾听）就是"你听到我，我听到你"。当然团队不能只有冲突没有共识，这就需要团队进化到下一个层级。

层次三：同理式倾听。

同理与同情最大的不同在于：同理是感同身受，我能够站到你的角色中去想你所想，感你所感。而同情只是站在你的身边，表达自己的关怀之情。要进入同理的状态，第一，人的心胸要打开，让听的人能够走得进去；第二，听的人要放空，完全把自己放下，才能走进别人的内心深处。这就需要团队成员间高度的信任，没有足够的信任，说的人不够开放，听得人将信将疑，同理倾听就无从谈起。

这种模式就从系统内升级到了系统外，彼此的边界开始打破，不会再有人说"这是你的问题，不是我的问题"。大家开始看到每一个成员的行为是如何塑造了整个系统，层次三就是"你中有我，我中有你"。只有到了这个阶段，真正的对话才算开始，赋能师也才能更好地为对方赋能，对方也才能更好地接纳赋能师。

层次四：生成式倾听。

在这个层次，集体的智慧开始生发，每个成员都能够站在系统的高度来思考问题，整个团队像一个人一样上下协同、万众一心，共同创造的伟大征途由此展开。这个阶段，团队就会找到一种自然涌现的感觉，个人得失不再那么重要，一切都是为了成就整体共赢。

　　此种模式让组织拥有了再生源头，能够见人所未见，思人所未思，行人所未行，很多伟大的创新都因此而诞生。层次四就是"你我不分"了，集体的注意力焦点不再是一个点，而是多个点，人人都是领导者，都主动承担起责任，没有什么问题和困难能阻碍组织继续前进。同样赋能师和对方在这个层级中就是共创的阶段，齐心协力，共同达成目标。

　　赋能师在这五项能力上的进步是没有止境的，除了要不断学习理论之外，还要通过不断实践来磨炼技巧，只有这样才能不断提升、精进，成为一名优秀的赋能师。

本篇总结

综上所述，笔者在此想特别强调的是：各种角色之间没有对错和好坏之分，只有适合和不适合的选择，根据实际需求，适合客户的角色就是最佳角色。赋能模型中的赋能师也是其中的一个角色，赋能师融合了教练、导师、心理咨询顾问等角色的各自优势并填补了其部分局限性。在实践操作中，要根据当时的场景，围绕赋能者的气场是否与受能者在同一频道，角色是否合适对方等，灵活调整运用，才能更好地整合赋能给对方，以此达成目标。

赋能师在五项能力上的进步是没有止境的，除了要不断学习理论之外，还要通过不断实践来磨炼技巧，也就是我们本书的重点——赋能对话7步法。

方法篇

赋能对话 7 步法

在本书第一部分，我们重点讲解了赋能模型与教练、导师、心理咨询顾问的关系。由此可以发现，赋能模型在对话中的核心目标就是赋能对方，帮助对方解决问题，达成目标。想要顺利达成这一目标，有两个至关重要的因素——对方的能力水平与动力强度，而学习理论与动力理论则充分细致地阐述了这两个因素的内涵与特点，也为赋能对话奠定了重要的工具基础。

学习理论：在人类学习理论中，主要分为以斯金纳为首的"联结学习理论"和以班杜拉为主的"认知学习理论"。

所谓"联结学习理论"，就是指人类通过尝试，进而总结规律，习得某种技能的过程。巴普洛夫实验就是这一理论的最好阐述。

"认知学习理论"则认为，学习不是在外部环境的支配下被动地形成刺激—反应联结，而是主动地在头脑内部构造认知结构；学习不是通过练习与强化形成反应习惯，而是通过顿悟与理解进行学习，学习受主体的预期所引导，而不受习惯所支配（班杜拉的社会学习理论）。

动力理论：心理学研究表明，动力的产生通常是因为需求未得到满足。

人的动力是由需要引起的，一个人多种多样的需要形成一定的需要结构，它导致一个人同时存在多个动力。这些动力又以一定的相互关系构成动力结构。由于各个动力强度不同，它们在同一个人身上所起的作用也就不同，引发了个人不同的行为。

因此，在基于对学习理论、动力理论等的分析后，结合大量案例和经验，我们发现以下模式（如图 2-1 所示）。

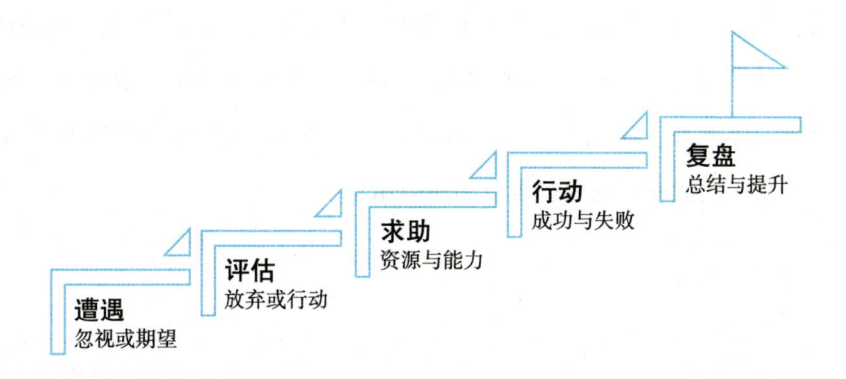

图 2-1　应对事件的常见处理模式

- 遭遇。人们在工作生活中会遭遇各种事件，有的会被忽视，有的会让人产生某种期望。

- 评估。产生期望后，会进入评估环节，即思考该期望对自己是否重要，是否值得达成。如果不重要，就不会付出努力，不用花力气去彻底解决；如果很重要，就要下决心行动。

- 求助。决定行动后会着手制定行动方案，在此过程中，会分析自己拥有哪些资源与能力优势，如果能够达成目标，就直接做；如果不能，就需要向他人寻求帮助。

- 行动。运用能力、资源来展开行动，努力达成目标，可能会成功，也可能会失败。

- 复盘。在行动结束后，大部分人会在这个过程中积累一些经验，提升能力水平，然后应用到其他事项中，由此再进入下一个循环；少部分人会仔细分析，总结行动中所揭示的规律，进而踏入更高一级的能力水平；极个别的人在行动后，未能积累任何有用的经验，能力水平原地踏步。

赋能对话
成就和赋能他人 7 步法

　　结合人们应对实践的解决问题框架与步骤的特点，笔者通过多年分析与探讨，构建了赋能对话的"EMPOWER"模型，在实际应用中也验证其有很好的效果。接下来，我们从"E（目标期望）"开始，结合具体案例，向读者一一介绍这一框架模型的内容以及如何应用。

01

目标期望（E）

从菲尔普斯到"美国飞鱼"

美国职业游泳运动员迈克尔·菲尔普斯（Michael Phelps），获得了23枚单人项目的奥运金牌，远远超越了古希腊莱昂尼达斯保持了2000多年的记录（12枚），成为该项吉尼斯世界纪录保持者，被称为"美国飞鱼"。然而，这一荣誉的背后，其实是一个为了达成目标而不断奋斗的故事。

菲尔普斯7岁时第一次去俱乐部学游泳，就喜欢上了它，还给自己定下一个在当时看来十分远大的目标——成为世界冠军。不到十年，16岁的菲尔普斯就在福冈世锦赛上赢得了职业生涯中的第一个世界冠军头衔。在达成幼年时的目标后，他并没有松懈，反而定下了更大的目标——要成为拿奥运金牌最多的世界游泳冠军，他又成功了（截至2016年的里约奥运会，菲尔普斯在收获了自己第23枚奥运会金牌后宣布正式退役）。

许多人从菲尔普斯的身体优势来分析他成功的原因，但从根本上说，他的成功是一个设定目标、达成目标的经典案例。为了实现自己的目标,在训练期间,菲尔普斯每天花费 8 个小时泡在泳池里,一年中从不间断。枯燥单调的训练,潮湿压抑的空气,周而复始的动作和单一不变的场景,菲尔普斯以极大的毅力克服了所有困难。如果没有明确的目标,他是很难坚持下来的。

菲尔普斯的例子并非个案,哈佛大学对一群智力、学历、环境等各方面都相似的人进行过一次长达 25 年的跟踪研究,探索目标对人生的影响。调查结果发现:

- 27% 的人没有目标;
- 60% 的人有较模糊的目标;
- 10% 的人有清晰的短期目标;
- 只有 3% 的人有清晰且长远的目标。

在 25 年后,这群人的经历各不相同:

- 27% 没有目标的人,几乎都生活在社会的最底层,生活不如意,经常失业,靠社会救济生活,怨天尤人。
- 60% 有较模糊目标的人,几乎都生活在社会的中下层,他们能够安稳地生活与工作,但似乎都没有特别大的成就。
- 10% 有清晰的短期目标的人,生活在社会的中上层,其短期目标不断被达成,生活状态稳步上升。
- 3% 有清晰且长远目标的人,他们朝着目标不断努力,25 年后他们几乎都成为社会各界的顶尖人士。

由此可见，目标对人生的巨大导向性作用。不仅如此，美国心理学家洛克还提出了"目标设置理论"，他认为，目标本身就具有激励作用，目标能把人的需要转变为动力，是引起行为的最直接动力，使人们的行为朝着一定的方向努力，并将自己的行为结果与既定的目标相对照，并及时进行调整和修正，从而实现目标（如图 2-2 所示）。

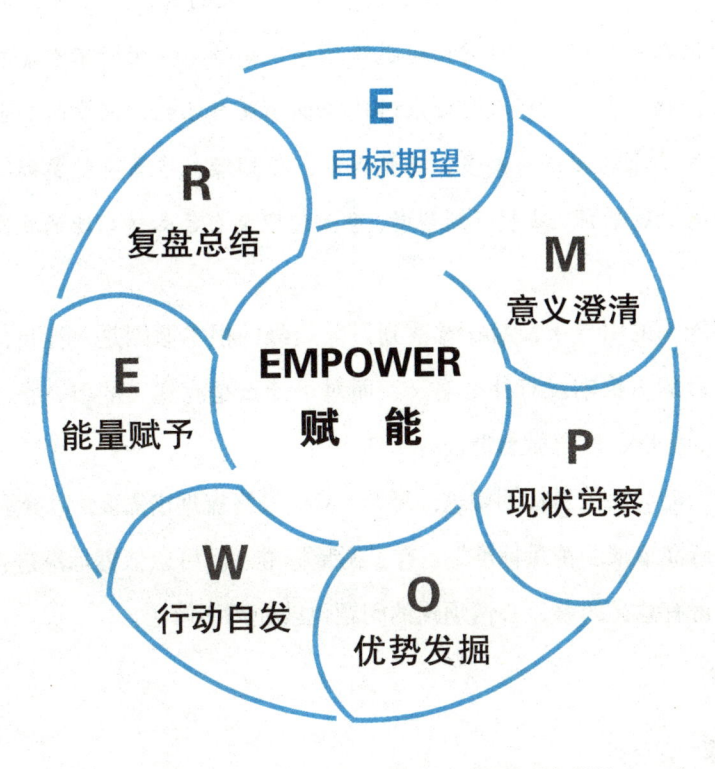

图 2-2　EMPOWER 赋能模型示意图之目标期望

目标期望

在赋能对话中的"目标期望"环节，**目标指的是在对方谈话中所期望达成的目标，如果目标不清晰，需要帮助对方梳理其本质目标。赋能师需要帮助对方从内心需求角度出发，逐步地帮助对方澄清其真实的本质目标，而不仅仅就对方最初提出的目标来给予支持，否则在落实到具体行动的阶段就会出现"治标不治本"的情况。

Alex 在生活中是一位特别喜欢帮助他人的人。乐于助人的性格让他在受到朋友认可的同时也给他带来烦恼——由于不太会拒绝他人，往往在答应别人的请求时他很少顾及自己的时间安排。最近 Alex 手头上的事情特别多，感觉很累，很烦躁，经常感觉胸闷，所以他找到赋能师，希望得到帮助，即如何脱离自己心情烦躁的状态。

在赋能师的引导下，Alex 觉察到目前烦躁的根本原因是，让自己烦躁而又不得不做的事根本没有什么意义，而对于什么是有意义的事，自己又没有一个清晰的标准，所以做事情没有头绪。

通过赋能对话的目标期望这一环节，Alex 最终梳理出需要解决的问题——"明确有意义事情的衡量标准"。有了衡量标准，就可以依据标准进行选择，做自己觉得有意义的事，心情烦躁的问题也就迎刃而解了。

赋能对话

赋能师：你好，Alex，感谢你的信任选择我做赋能师，今天你想谈什么主题？

Alex：你好。谢谢你给我倾诉的机会。最近的生活真是乱糟糟，一团乱麻。手上接了很多事忙不完，经常忙到晚上12点多，感觉好累，好烦躁，总是感觉胸口闷。所以我今天想谈的主题是"如何解决心情烦躁这件事"。

赋能师： 听出来，你很烦躁，感觉很累。目前手头主要有哪些事情？

Alex： 我最近事情特别多，发现时间根本不够用，比如帮助朋友做社团的工作、做产品直销市场和广告宣传、经营网站、做媒体顾问，同时自己在写论文、写作、经营创业公司等，真是一团糟……

赋能师： 做这些事情对你来说意味着什么？

Alex： 其实说实话，这些事情我认为有一部分是没有意义的。我很热心，喜欢帮助人的想法和行为都没错，但是做太多的事情会让我很累、很烦。我本身是个追求完美的人，既然接手了，就要做到最好。事情多了我肯定很累，但又不会拒绝朋友，我也清楚，有的朋友也是想利用我的长处来做些对他们有利的事情，但是这些事情对我来说是没有意义的。

赋能师： 刚才你两次提到"有意义"，你如何理解"有意义"？

Alex： 有意义的事情就是能让自己能成长，我想成长，但是现在的很多事情不仅没有促成我成长，反而是在倒退，比如社团、广告、经营网站等。另外，有意义的事就是对我的收入要有帮助。还有这件事能够让双方都开心满意，而不只是让对方开心，而我很累不开心。以上三点是我理解的有意义的事情。

赋能师： 做有意义的事情，对你来说又意味着什么？

Alex： 如果我去做我认为有意义的事情，就不会感觉累和心烦意乱，心情也会好很多，同时会感觉很有成就感。所以，现在让我困惑的是，什么是有意义的事情，有意义事情的衡量标准是什么。

赋能师： 一开始你提到想谈的主题目标是，如何摆脱心情烦躁的状态这件事。根据刚才我们的对话，能否再次明确下今天要聚焦赋能的主题目标是什么？

Alex： 嗯，通过刚才的对话，我逐渐梳理清楚了自己的真正需求，所以我想更改我的主题目标为——确定有意义事情的衡量标准是什么。衡量标准清楚了，就会指导我辨别哪些事情是有意义的，哪些是无意义的，再梳理一下无意义的事情，以后就要拒绝这些事了。如果我是有选择地答应别人的需求，而不是什么都答应，就不会那么累，也就不会心情烦躁了。所以，有意义事情的衡量标准才是我们这次谈话真正的需求目标。

以上案例经过提问澄清环节后，从最初的表面问题转换为背后的本质问题，这种目标的转变在赋能对话中十分重要，其背后的根本原因是——目标的产生是对内心某种需求的满足，如成就感、自主感、安全感等。对方在设定满足内心需求的目标时，往往会受到当下心理状态、外界因素、自身经历与偏好等方面的影响，不一定符合其内心真实的本质需求。

那么赋能师如何才能帮助对方做好这一环节呢？首先我们要了解在对话过程中经常会出现的两种类型的目标——终极目标与阶段目标。

终极目标与阶段目标

终极目标——它可以是一个人的梦想，也可以是一个组织的愿景，更可以是一段具有振奋人心、激励行动的场景描述，比如赢得冠军、过上幸福的人生、成为行业的领导者等。终极目标可以引导人们努力的方向、激励个体行动、促进组织变革、激发工作热情等。通常而言，终极目标是较为宽泛、长远的陈述，也是对方比较容易提出的内容。

阶段目标——通常被表述为一系列具体的衡量标准，达到这一系列的标准，通常能够有很大机会实现目标。比如在三年后销售额突破 2 亿元、利润总额超过 3000 万元、和家人一起去一次西藏、在明年 5 月份通过专业考试等。一般来看，过程目标通常是符合 SMART 原则的目标。这也是赋能对话目标期望阶段关注的重点。

SMART 原则：

- Specific——具体；
- Measurable——可衡量；
- Agreed——一致同意；
- Realistic——可实现的；
- Time phased——阶段性的。

如果把人生比作一座摩天大楼，那么终极目标就是楼顶的"观景台"，而阶段目标就是一个个楼层，只有跨越一个个楼层，才能让我们最终走向人生的"观景台"。在目标期望这一阶段，赋能师不仅要了解对方的终极目标，更要基于终极目标，辅助对方表达出具体的阶段目标。

在确定对方的终极目标与阶段目标时，我们一般会问以下问题：

假设你现在已经达成了目标，你会是怎样的一种状态？

如果该目标可以划分为几个小目标的话，你会如何划分？

你期望用多长时间来达成这个目标？

你会如何评估目标的达成情况？

为了能够达成目标，你需要什么样的资源和协助？

在这一过程中，关键在于，赋能师要克制自己凭借经验、认知的优势代替对方设定目标的冲动。因为目标设定本身，就是巨大的承诺、责任及激励。如果对方经过思考设定目标，就会更加认可目标、理解目标并为这一目标努力。所以，有一句非常有名的网络金句：自己选择的路，跪着也要走完。

目标设定时的注意事项

通过初步沟通，赋能师已经充分了解了对方的终极目标、阶段目标，目标期望环节并没有结束，我们需要通过进一步的对话，帮助对方充分了解目标的关键属性——目标难度，这样做的目的是让对方提前做好心理准备，避免目标设定中常常出现的两种倾向——盲目乐观与过度悲观。

盲目乐观

对自身能力过高估计、对客观难度忽视，以至于在设定目标时过度理想化，因此在方案设定阶段往往脱离实际。因为目标之所以成为目标，正是因为它并不是唾手可得的，而是需要努力才能实现的，达到目标的过程一定不可避免地伴随着痛楚。因此，如果只是单纯地告诉自己"我一定能成功"，这只能是麻痹自己，并没有太大的益处。

过度悲观

对自身能力评价过低，畏难情绪较强，以至于设定的目标较低，即使达成也难以确保终极目标的实现。难度是一个相对的定义，难度的高低取决于目标和实施方之间的关系。

对个人来说，是个人能力与目标的相对关系；而对企业来说，则是公司能力、组织能力与目标的关系。举例来说，对于具备英语六级水平的人来说，使用英语进行基本的沟通交流这一目标难度并不高，而这一目标对一个从未接触过英语的人来说，难度就非常大。

目标的难度不能太低，否则，人们就没有动力去实现，即使实现了，也对现有的状态没有多大影响；但目标难度也不能太高，否则，人们会觉得希望渺茫，不敢轻易尝试。正因为如此，设定合理的目标十分重要。

在赋能对话中，当我们评估需求者目标难度时，通常会从以下维度予以提问：

（1）从你个人经历来看，我们刚才讨论的目标难易程度如何？如果难度从低到高以 1~10 分来表示的话，你会打多少分？

（2）实现该目标，你认为会有哪些挑战，你会如何面对这些挑战？

（3）如果不做任何改变，按目前状况，这个目标能否实现？

（4）你在这个过程中准备投入多少时间与精力？

（5）之前的行动中，哪些是可行的？哪些是不可行的？哪些是需要改进的？

（6）你个人的努力能在多大程度上影响目标的实现？

另外，在有关目标的设置环节，通常以下提问使用较多：

（1）你期望通过今天的对话获得什么？带走什么？

（2）听起来你有两个目标，你想先聚焦在哪个呢？

（3）选择这个目标的出发点是什么？

（4）真正的本质问题是什么？

（5）我们这次有一个小时的对话时间，你希望从哪里开始？

赋能对话案例

在方法篇中，为了帮助大家更好地理解与运用赋能模型七步法，我们将以一个完整的赋能对话案例贯穿始终，详细说明模型的七步法和对话过程。以下是案例的背景与目标期望部分。

黄先生的择业之路（目标期望）

黄先生大专毕业后，在父母的安排下，进入了一家国有银行担任柜员，在经历了刚踏入社会的新鲜感之后，由于工作内容简单重复，入职两年的黄先生就有了跳槽的念头，但由于学历、专业以及工作背景的原因，想找到收入稳定又比较对口的工作很困难。在一次偶然的情况下，通过朋友推荐，黄先生收到了一家小型风投公司融资相关岗位的录用通知，可是，由于担心自己缺乏社会资源，无法适应快节奏的工作，黄先生最终还是放弃了这个机会。

如今，黄先生在银行工作已经接近10年，但工资水平一般，发展空间有限，而且随着互联网金融的蓬勃发展，黄先生所在银行的效益虽然未受很大影响，但是黄先生本人的年终奖金还是降了不少，心理落差比较大。

而正在这个时间段，黄先生组建了家庭，家庭的压力，尤其是经济压力也随之而来，在这种情况下，黄先生又萌生了创业的念头。

工作五年后，黄先生爱上了摄影，虽然没受过专业训练，但也自学了不少摄影知识，更结识了一些摄影圈的朋友，在与圈内好友交流的过程中，萌发了开一家摄影工作室的念头。他说："我特别享受拍摄的过程，目前的工作虽然稳定，但是太单调，35岁跳槽可能会面临很多限制，而自己创业则不会有这么多限制。"

跃跃欲试的黄先生立刻向妻子表达了自己的想法，妻子在表示支持的同时，也提出了一些自己的顾虑："你不是科班出身，专业性会得到客户的认可吗？和那些专业出身的摄影师相比，你有什么优势呢？运营工作室需要经营管理方面的知识，你有这方面的经验吗？我们家的收入并不高，还有房贷压力，一旦你创业后，收入不稳定，我们整个家庭的生活质量你考虑过吗？"面对妻子一连串的提问，黄先生不知道如何是好。

一方面，是自己食之无味、弃之可惜的"鸡肋"工作，更面临着越来越被边缘化的危机，但却能够维持家庭基本开销；另一方面，是放弃稳定工作，从事热爱的事业，然而收入却不稳定，黄先生又一次陷入了纠结中。

作为赋能师，在帮助对方时，始终都要保持一种好奇的心态，因为无论对方所面临的问题在你看来多么浅显，都不能自以为是地大包大揽，而应该首先仔细地了解问题产生的根本原因，在确定基本的对话策略之后，才能真正开始进行对话。所谓"功夫在诗外"，就是这个意思。

就黄先生的经历而言，一方面，表现出的是对枯燥工作内容的抵触，对现岗位发展前途的不安以及面对新岗位、新机会的不自信（小型风投公司客户经理、创办摄影工作室）与矛盾，其根源在于职业能力发展的不足。

另一方面，妻子的态度也是让黄先生犹豫不决的原因，作为成熟的职场人士，在进行职业决策时，考虑的不仅仅是自己的物质与精神上的得失，还需要重视重要利益相关者的得失。

黄先生虽然意识到两方面的挑战，但却没有采取正确、合理的手段来解决。比如在能力提升方面，黄先生的做法是自己多拍、多练，与专业人士多交流，然而却忽略了理论知识方面的学习，也忽视了自己练习与跟着专家模仿练习的差异。"万丈高楼平地起"，对于摄影行业的从业者而言，理论上的积累能够为摄影技术、摄影思路的发展奠定基础，工作室运营也是一样。在改变妻子的态度方面，黄先生重点放在了证明自己能够经营好工作室，并没有弄清楚妻子担忧的真正原因——妻子对于黄先生接下来的计划与安排一点也不清楚，更加剧了对于收入的担忧。

基于以上对黄先生问题根源的分析，在与黄先生的面谈策略与沟通重点的设计上，重点从以下几个方面开展：

第一，确定职业发展的目标。黄先生在此之前始终犹豫不决，因此面谈的首要目标是确认黄先生职业发展的目标以及改变现状的意愿强度。如果没有强烈的意愿与明确的目标作为基础，之后的所有帮助策略都无法顺利实施。

第二，如何制定能力提升策略。基于成人学习的特点，帮助黄先生明确接下来决策的核心关键技能的发展目标，同时系统规划提升摄影、工作室运营相关知识与技能的策略。

第三，如何获得家庭的支持。正如之前提到的，对于已经组建家庭的职场人士，需要全面考虑职业变动对于家人、父母等的影响，并通过合理安排，获得他们的支持。

"目标期望"是赋能对话的第一步，也是整个赋能对话中最核心的环节之一，接下来我们通过一段案例对话，来帮助读者了解赋能对话是如何帮助黄先生一步步确定、细化目标的。

黄先生的择业之路（目标期望）

赋能师： 黄先生，你好。刚刚你提到了最近让自己感到困扰的一些问题，今天我们有一个小时的对话时间，你主要想谈什么？

（在赋能对话的开头，要注意进行时间限定，给予对方明确的预期，方便后续对话的开展。）

黄先生： 其实我主要纠结的是，我应不应该辞去现在的工作去创业，开一家属于自己的工作室？

赋能师： 你在银行工作了快10年，是什么原因促使你想要去创业呢？

（在目标期望阶段，往往对方会很快给出他的目标，这时赋能师需要克制直接跳到下一步的愿望，而要详细了解对方产生这种期望背后的原因，那才是真正的症结所在。）

黄先生： 我毕业的时候，是按照父母的意愿才进入银行工作的，自己也没多想。在工作了两三年之后，就开始有了换工作的想法。一方面，由于学历问题，我在银行的晋升遇到了不小的阻碍；另一方面，银行的工作大部分是简单重复的，还要定期考试，包括理论考试、业务考试、技能考试等，这些让我越来越觉得现在的工作就像是一个"鸡肋"，只能平平淡淡。

赋能师： 还有别的原因吗？

黄先生： 再就是银行工资固定，成长性不强，年终奖也越来越少，而且我这个年龄，想跳槽也不容易，如果自己创业的话，可能就更自由一些，主要也就是这几个方面。

赋能师：还有其他吗？

黄先生：目前也不能说不喜欢单调、重复的工作，因为毕竟熟悉了流程之后工作起来也比较顺利，但就是感觉一直是被推着走，不够自由。

（从黄先生的回答来看，他对目前工作的部分特性并非全盘否定，因此需要进一步挖掘目前这份工作对于黄先生的吸引力。）

赋能师：如果满分是10分，你会给目前的工作打几分？

黄先生：7分吧！

赋能师：这7分是根据什么标准而来？

黄先生：工作的稳定性占4分，工作氛围占2分吧，还有1分是工作内容比较熟悉。

赋能师：你认为创业对你的最大吸引力是什么？

黄先生：自主性吧，能够自主地安排工作时间，另外能够做自己喜欢做的事——摄影。

赋能师：假设你现在已经辞职去创业了，你会做哪些事情？

黄先生：我会思考一下怎么获得我的第一批客户，如何让他们满意，然后请他们帮我再推荐新客户，也可以通过自己的朋友圈来做宣传，经营公众号，在微博上发布照片等，当然，还可以通过专业网站进行宣传。

赋能师：还有其他的吗？比如根据现在本地比较有名的摄影工作室的特点、市场竞争情况，来宣传你的摄影特色、选择合适的工作室地址、确定产品类别与定价、对各项成本与现金流进行测算，完善上述工作需要提高的技能有哪些？

黄先生：这些还真没考虑过，因为我看周围摄影圈的小伙伴也无人提及，也就没关注。

赋能师：如果按照1~10分打分，你觉得在成立摄影工作室之后，获得不低于现在收入的可能性有多大？

黄先生：这个我不好估计，因为我还没做过比较。

赋能师：没关系，按你自己的主观估计就好。

黄先生：3分左右吧。

（对话进行到这里，黄先生的核心诉求已经相对清晰了，他期望拥有的是有足够自主性的工作，能做自己喜欢做的事情。然而，不论是毕业后的工作选择，还是思考创业，描述自己成立摄影工作室后的主要工作来看，黄先生并没有表现出很强的自主性，因此在面临坚守还是创业的决策时，缺乏相应的决策准备与能力。同时，黄先生对于自主创业并没有进行详细的思考，在这种情况下，我们需要通过具体而明确的问题，帮助对方理清思路，将核心诉求转化为具体的目标。）

赋能师：好的，黄先生。经过刚才的对话，我发现你陷入纠结的主要原因是，一方面对于自己现在工作自主性不足有些不满，另一方面对于创业的准备度（包括意愿与能力）也不是很高，是吗？

黄先生：没错。

赋能师：现在有两个选择在你面前，一个是让你现在的工作自主性更强，另一个是让你能够提高创业准备度，进而提高创业的成功率，你更想选择哪一个？

（在赋能对话中如果对方陷入沉默，通常不要打断对方，给对方足够的时间来思考。）

黄先生： 提高创业准备度，提高创业成功率吧。

赋能师： 好的，那我们就把提高创业准备度作为核心目标。假设你现在已经达成目标了，你会是怎样一个状态？

黄先生： 我觉得那时候我已经非常清楚自己要做的每一个步骤，做什么、怎么做，并能够做好充分的准备。

赋能师： 你期望用多长时间来达成这个目标？

黄先生： 我想一年左右应该差不多，因为我的业余时间还是比较充足的，每天下班也准时。

赋能师： 好的，黄先生，根据我们刚才的讨论，你最终确定的目标是什么？

黄先生： 我的目标是，在接下来一年内，做好自己运营摄影工作室的准备工作。

在本案例中的目标期望环节，我们首先通过"你想谈什么、是什么原因让你想去创业"这两个开放性问题，初步了解了黄先生目前纠结的原因。

随着沟通的深入，通过选择性问题"一个是让你现在工作自主性更强，另一个是让你能够提高创业准备度，进而提高创业的成功率，你更想选择哪一个"来确定优先级更高的目标。

最终，通过场景想象，现在已经做好万全准备，马上就要创业了，"你会是怎样的一个状态"的问题，明确内容，最终确定时间。

由此可以发现，在目标期望环节中，黄先生的目标内容发生了转变，从黄先生仅仅想得到一个"是否应该辞职创业"的初始目标，经过不断地梳理与确认，最终目标转化为"如何在一年内做好创业的准备"。这个是赋能对话中很重要的环节，因为随着赋能对话的深入，对方往往也会察觉之前从未考虑过的内容，在这一过程中，赋能师一定要保持克制与敏感，一方面，避免快速做出结论；另一方面，在多个目标并存时，通过强制选择，找出优先需要实现的目标。

02

意义澄清（M）

维克多：在集中营中领悟生命的意义

维克多·弗兰克，维也纳医科大学心理精神病学终身教授，一生著有32部著作，这些作品先后被翻译成26种语言在世界各地出版，最广为人知的一部著作则是记录了他在奥斯威辛、达豪等集中营艰难岁月的《追寻生命的意义》。

在《追寻生命的意义》这本书中，弗兰克教授描述了第二次世界大战期间他在纳粹集中营里的惨痛的经历——父母、妻子惨遭杀害，同伴们在残酷的折磨中死去，而他自己也被强迫进行着超高强度的体力劳动。为了生存，他发现了意义疗法，用意义和信念作为其精神的寄托。所谓意义疗法，就是从生活中领悟自己生命的意义，借以改变其人生观，进而面对现实，积极乐观地面对挑战，努力追求生活的意义。

就弗兰克教授本人而言，在集中营中，当他发现了自己生命的意义之后，他开始不再怨天尤人，而是帮助其他囚犯，让他们找回生活的信心，活下来。当弗兰克教授从集中营中被救出来后，花了九天时间写下了《追寻生命的意义》。

在书中，弗兰克教授指出一般人可以借由实现以下三种价值来获得生命的意义：

创造——通过某种类型的活动以实现个人的价值，即功绩或成就之路，亦即工作的意义。如经由个人工作、嗜好、运动、服务、自我的付出或贡献、与他人所建立的关系等来发现生命的意义。

经验——借由对世界的接纳与感受中实现的，即经由体验某种事物或经由体验某个人（如爱情）来发现生命的意义。如欣赏艺术作品、投入大自然怀抱、与人交谈、体验爱的感觉等。

态度——指当个人面对无法改变之命运（罪恶感、死亡或痛苦的逼迫）时所采取的态度，此价值即苦难的意义，是人类存在的高价值所在。如个人所持的生活信念或价值观、生命观等。

在设定目标之后，如果你能够发现这一目标对你的重要意义，你的认知方式与思维方式也会发生改变，行为也会相应调整。即使相同的目标背后，也蕴含着不同的动力。

同样以追求事业上的成功为目标，有的是享受事业成功，受人尊敬；有的人则是为了更好地支持家庭生活；还有的人则是单纯的兴趣使然。

意义澄清

在赋能对话模型中，和对方明确目标之后，接下来就要进入第二步"意义澄清"环节（如图 2-3 所示）。赋能对话中的意义是指，对方对目标达成的重视程度，以及目标达成所带来的影响。这一环节的核心目的就是充分激发对方开始行动的意愿，也就是强化对方实现目标的动力。否则，即使有着非常明确、具体的目标，也会由于动力不足而半途而废。

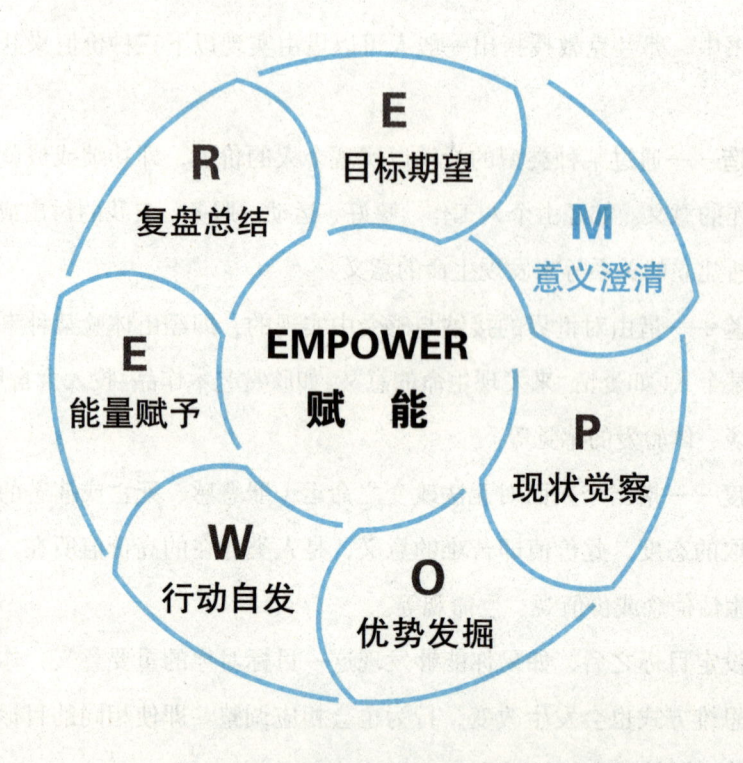

图 2-3 EMPOWER 赋能模型示意图之意义澄清

当然，如果赋能师感受到对方动力很强，那么他就可以在进行适当的沟通之后，较快地过渡到下一步；如果对方动力较低，那么赋能师就需要通过引导，帮助对方探寻目标对于他本人的重要意义。

动力高的表现

（1）坦诚透明：在沟通过程中积极互动，愿意向赋能师完整地陈述挑战；

（2）乐于尝试：愿意接受新的想法，行为上会改变；

（3）持之以恒：能够将改变长久保持，碰到困难不轻易放弃；

（4）合理归因：将碰到挑战的原因归结为能力、努力等内在因素上。

动力低的表现

（1）封闭自我：拒绝沟通，或者在陈述问题时避重就轻；

（2）墨守成规：不愿意接受新的做法，抗拒改变；

（3）情绪倦怠：懒惰，缺乏干劲，轻言放弃；

（4）怨天尤人：将碰到挑战的原因归结为时运不济、环境等外在因素。

"意义"主要包括两方面，第一是达成目标后的客观利益（金钱、名声等），第二则是达成目标后的情感收益（自信、认可、尊重、爱、自我实现、信仰、价值观等）。这两个方面都可以对动力产生正面的影响，而后者的影响往往更强烈，也更持久。

情感收益的特点

情感收益的第一个显著特点是**独特性**——即使是同样的目标，对于不同对象的意义也是截然不同的。

> 一位心理学家为了了解人们对于同一件事在心理反应上的个体差异，专门来到一座大教堂的建筑工地，对三位凿石头的工人问了同样的问题："请问你在做什么？"
>
> 第一位工人带着情绪回答："在做什么？你没看到吗？我正在用这个特别重的铁锤，来敲碎这些该死的石头，而这些石头又特别硬，害得我的手酸麻不已，这真不是人干的工作。"
>
> 第二位工人无奈地答道："为了每天的工资，我才会做这个工作，若不是为了一家人的温饱，谁愿意干这种粗活呢？"
>
> 第三位工人眼神中闪烁着喜悦的神采："我正参与兴建这座雄伟华丽的大教堂，落成之后，这里可以容纳更多人来做礼拜。虽然

凿石头的工作并不轻松，但当我想到，将来会有无数的人来到这儿，感受到更多的爱，心中便为这份工作献上感恩之情。"

同样的工作，同样的环境，却有如此截然不同的感受和意义。我们可以想象，这三位工人的工作投入程度肯定会有差异。

一旦工作条件变得更加恶劣，或者由于市场环境导致薪酬下降，那么可能只有第三位工人会坚持下去。

情感收益的第二个显著特点是**可变性**——达成某项目标的意义，会随着外界条件的变化而变化，并非一直持久不变。

一位老人退休后，为了享受悠闲的退休生活，特意搬到了一个安静的街区，街区边上还有一片绿色的草坪，可以散散步，退休生活过得十分宁静而惬意。

然而这份宁静却被一帮踢球的孩子打破了。本来安静的街区，结果被孩子们的吵闹声、喧哗声以及踢球的砰砰声打破了。附近的住户上去劝阻，希望他们能够去别的地方踢球，但没有一个孩子同意，每天照踢不误。住户们更为生气，甚至斥责了孩子们没有公德心的行为，结果孩子们踢球的声音反而更大了。

这位老人对邻居们说："我有个办法，可以试一试。"

这次，当孩子们在草地上踢球的时候，退休老人来到球场，对孩子们说："你们踢得真棒啊！我们老人寂寞，身体也不好，就爱看你们踢球，看到你们的样子就仿佛找到了自己年轻时的活力。如果你们天天来踢球给我们看，我们每天给你们每人一块钱。"

孩子们想，出来踢球玩儿，还能挣钱，这个不错啊！于是天天来踢。

隔了几天，退休老人说："孩子们，我们都是老人，钱也不多，时间长了负担不起，可不可以降到每人五毛啊？"

孩子们想了想，五毛就五毛，有总比没有强吧！于是就答应了，孩子们每天仍然来快乐地踢球。

可是，又隔了几天，退休老人再次说道："孩子们，我们没钱了，所以从今天开始，我们一分钱都不会给你们了。但是我们仍然欢迎你们来这里，免费踢球给我们看。"

这话一说，孩子们就不高兴了，从开始的一元降到五毛，我们忍了，现在一分钱不出，还要观看免费的球赛，我们才不干呢！孩子们一致决定："不踢了，我们走！"

从此，这帮孩子再也没有出现在这个地方。

意义的可变性是赋能对话"意义澄清"环节中重要的根本原因，赋能师可以通过引导的方式，让对方赋予目标重要的意义，从而促进某项行为，当然，也可以像例子中的老人一样，通过意义的剥夺，来避免某项行为。

意义强化的策略

那么，我们怎样才能帮助对方明确、强化目标的意义，进而提高其动力呢？心理学家通过大量的研究发现，一个人动力的强弱主要受以下三个方面因素的影响。

1. 个人需求的满足程度

根据美国心理学家、人本主义心理学的主要奠基人之一——亚伯拉罕·哈罗德·马斯洛的研究，人们的需求可以被分为五个层次（如图2-4所示）。人在低层次需求未被满足之前，很大可能不会关注高层次的需求，而且在其关注的需求未被满足时，该项需求未被满足的程度越高、渴求程度越强，其动力越高，愿意付出的代价、努力水平也越高。

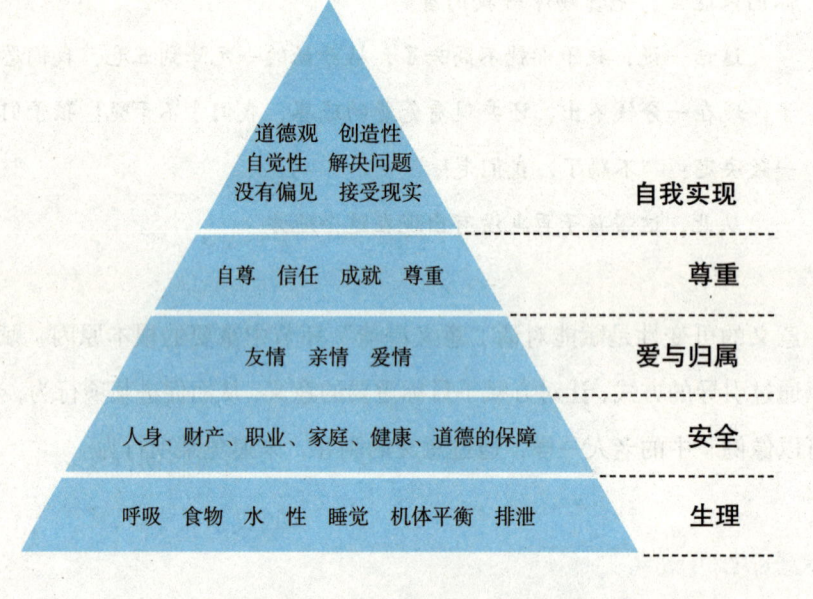

道德观　创造性　自觉性　解决问题　没有偏见　接受现实	自我实现
自尊　信任　成就　尊重	尊重
友情　亲情　爱情	爱与归属
人身、财产、职业、家庭、健康、道德的保障	安全
呼吸　食物　水　性　睡觉　机体平衡　排泄	生理

图2-4　马斯洛需求的五个层次

最常见的生活中的例子就是当我们在景区游玩时，感觉有一点口渴，但是景区的饮料价格通常会比较高，所以如果口渴程度一般，可以忍一忍，那就会等到出了景区再买；如果实在口渴难忍，价格高一些也可以接受，先解了渴再说。

2. 价值观

通常包括兴趣、信念、理想等方面内容。当目标是你感兴趣的，或者是实现你理想的重要一部分时，你的动力就会相应较高。比如排队三个小时去北京的环球影城，对于哈利·波特迷来说，就可以接受，但对一个仅仅是为了找个游乐园的人来说，三个小时就难以接受了。

3. 认知因素

认知因素的核心是自我效能感，即我对达成目标的影响程度有多大，是处于控制圈、影响圈还是关注圈（如图 2-5 所示）。如果是自己完全能够达成的，基本处于自己控制范围内，通常动力较高；如果完全是超出自己影响范围的，自己再怎么努力也无济于事，往往动力较低。

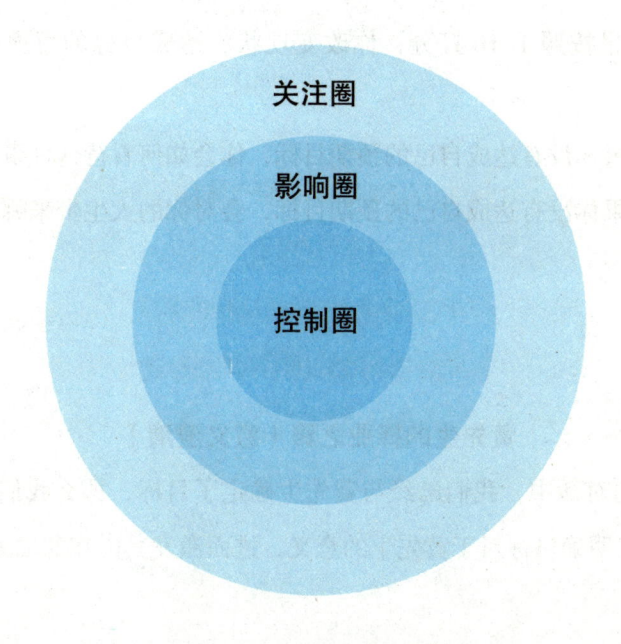

图 2-5　控制圈、影响圈与关注圈

控制圈：完全处于自己控制的范围，比如如何完成某项工作等。

影响圈：自己可以施加影响，但无法控制的内容——比如自己的上级、同事、下属，或者是爱人、孩子、父母等。你可以通过自己的言行施加影响，但无法控制他们的行为。

关注圈：仅仅是能够了解相关信息，基本没有影响力，比如天气变化。

因此，在进入意义澄清环节时，我们常常会从以上几个维度出发，开始探索对方眼中这个目标的意义，进而梳理、引导、强化该目标的"意义"，提升其动力，为接下来的步骤奠定动力基础。

在"意义澄清"环节中，我们通常会问以下问题：

（1）这个目标的达成对你来说意味着什么？

（2）如果实现了你所制定的目标，会给你的人生带来哪些改变和影响？

（3）如果按照1~10打分，你觉得目标对你的重要性可以打几分？

（4）如果按照1~10打分，你改变现状、达成目标的意愿强度可以打几分？

（5）如果你没有达成自己的预期目标，你会如何看待这件事？

（6）如果你没有达成自己的预期目标，会对你的人生带来哪些影响？

赋能对话案例

黄先生的择业之路（意义澄清）

在之前的对话中，我们已经与黄先生确定了目标，那么我们应该如何通过赋能对话来明确目标对于黄先生的意义，进而激发其内在的动力呢？

赋能对话

赋能师： 关于本次赋能对话的目标和努力方向，我们已经比较明确了。如果按照1~10打分，你觉得创立个人摄影工作室的重要性可以打几分？

黄先生： 我觉得可以打9分，如果能够成功创立并且运营好这个摄影工作室，我会有一种发自内心的踏实感和自主感，更让我有一种证明自己价值的成就感，甚至整个人的人生都会有变化。

赋能师： 请具体展开谈一谈吧。

黄先生： 我知道创业并不是一件简单的事情，但是周围不少做摄影的小伙伴，过得都挺滋润，我也并不比他们差太多，因此我相信自己也能做得和他们一样。但是就像刚刚你提到的，还有我妻子对我说的，一些运营工作室所需要做的事情、需要掌握的知识，我之前根本就没考虑过。如果我能够准备一个完整的任务清单，那么我心里就会有一个很明确的答案，哪些事情我能做好，哪些事情我可能做得不够好，需要进一步努力提升。一旦心里有了底，不论是坚守现在的岗位，还是筹备创建工作室，我都是有选择自由的，而不是像现在这样，左右为难，让自己纠结。

赋能师： 是的。一旦你一步一步地提高自己的创业准备度，我相信你确实会心里有底。你说的证明自己指的是什么？

黄先生： 其实在过去的30多年的人生中，无论是上学也好，就业也罢，我发现在我的人生中能让我真正觉得有成就感、发自内心自豪的时刻很少，因为在很大程度上我的成绩都是依靠父母、亲戚的支持才取得的。但是如果我能够成功地创立自己的摄影工作室，进而持久地运营下去，我觉得这是一件能够证明自己的价值，让自己很有成就感的事情。

赋能师：这样做了之后会给你的人生带来哪些改变和影响呢？

黄先生：我觉得这会让我和我的家人相处得更加轻松。我其实很早以前就和妻子、父母交流过创业的想法，但父母并不支持我，妻子虽然说支持我，但是也有很多自己的顾虑，比如摄影的专业性、收入的稳定性、运营工作室成功的可能性等，所以我也一直没下定决心。如果我能够把这些问题都理清楚，甚至将工作室顺利地运营起来，他们也会认可我。

赋能师：还有其他吗？

黄先生：另外，能做自己热爱的事情，每天的心情也会放松很多，不会像现在这样，有种做一天和尚撞一天钟的感觉。在物质改善方面，我觉得前期阶段的可能性不大，毕竟万事开头难，不过如果运营顺利，肯定会比现在好很多。

赋能师：由此看来，如果你顺利地提升了创业准备度，进而创立并运营好自己的摄影工作室，对你还有整个家庭来讲都会有很积极的变化。

黄先生：是的，甚至将来还能成为自己孩子的榜样。

赋能师：如果你没有达成自己的预期目标，你会如何看待这件事？会对你的人生带来哪些影响？

黄先生：如果在努力之后，我没有达到自己的目标，会觉得自己只能在目前的工作上一成不变地走下去，同时也会觉得很遗憾。当然，我也会继续探索，也许会有其他的机会在等着我。

赋能师：通过刚才的交流，你最初的目标有变化吗？

黄先生：没有变化。

赋能师：能请你复述一下自己的目标吗？

黄先生：如何利用接下来一年的时间，做好自己运营摄影工作室的准备——清楚地了解开设摄影工作室过程中每一步应该做的事情以及所需的资源、可能遇到的风险；同时，明确在这个过程中自己还需要提升哪些能力，以及如何提升这些能力。

（对方的目标往往会随着赋能对话的开展发生变化，因此在对话的过程中需要及时与对方确认目标。）

赋能师：如果从1~10打分，你对改变现状、达成目标的意愿强度可以打几分？

黄先生：差不多是7分吧。

赋能师：剩下的3分是差在哪里呢？

黄先生：应该是自己缺少一股子拼劲吧，因为从小到大的生活环境、状态都是比较平稳的，所以就安逸惯了，一下子想很有冲劲地做一些事情对我来说比较困难。

（黄先生自始至终都在追求一种自主感，这是对他而言具有重大意义的内容，然而，由于过去的成长经历等原因，黄先生很难将100%的热情投入到达成赋能对话的目标上。在这个时候，我们需要从黄先生的过往经历中寻找触发点，帮助对方提高达成目标的信心与动力。）

赋能师：黄先生，能分享一下过去你经历过的坚持拼搏、最终解决问题而且很有成就感的经历吗？

黄先生：有一段时间，我被借调到外地支行协助完成系统测试工作，那时候的工作内容、工作节奏都与原来有很大不同，但是我不仅提前完成了工作,受到了领导的肯定,还在当地结识了许多很好的伙伴,感觉实现了工作和生活的双丰收。

赋能师:你当时是怎么做到的?

黄先生:我觉得最重要的是团队的影响,与大家一起共同拼搏的感觉很好,看到周围的人都如此努力,自己也就坚持下来了;并且,我们每天的任务都很明确,用天来计算小节点,用周来计算大节点,每周达成大的节点之后,都会出去团建一次,好好排解下工作压力。

赋能师:如果说你的妻子能够部分参与到你的目标达成中,你觉得会不会对你提升意愿强度有帮助?

黄先生:我觉得这样的话,可能会好很多,因为有一起讨论、交流的人,这样自己就不会有强烈的孤军奋战的感觉了。

赋能师:这样一来,你觉得自己改变现状、达成目标的意愿提高了吗?

黄先生:这样一想,我都有一种想要立刻开始行动的感觉呢!

在本案例中的意义澄清环节,我们首先通过自我评分的方式——"如果按照1~10打分,你觉得创立个人摄影工作室对你的重要性可以打几分",确定了该目标对于黄先生的重要性等级之后,赋能师通过一系列的提问发掘出该项目标对于黄先生的意义关键词"踏实感、自主感、证明自己、有成就感、发自内心自豪的时刻、家人的认可、成为孩子们的榜样、从事自己热爱的事业",这一系列的关键词都起着重要作用,也就是说,这一目标的情感意义有很多,并且都比较强烈。

而落实到具体行动时,从黄先生过去的成就事件分析,有两个要素始终发挥着重要的作用:一个是团队共同奋斗的氛围,另一个是明确的目标与任务计划、激励计划，每完成一个节点都会庆祝一下，排解工作压力。如果让黄先生认识到，在他达成现在目标的过程中，其实也蕴含着这两者，他的意愿就会有明显的提升。

在这段赋能对话结束后，黄先生已经明确了目标，并明确了达成目标对于自己的重要意义，激发了他改变现状、达成目标的意愿。接下来，我们就要帮助黄先生更全面地了解现状。

03

现状觉察（P）

"巨人"的陨落与重生

20世纪90年代，史玉柱的巨人集团发展成为一家资本超过一亿元的高技术公司。由于市场需求巨大，巨人集团每年复合增长率都极高。这时，史玉柱决心开始进军房地产与生物制药领域，在优惠政策支持下，史玉柱决定建造一座巨人大厦。

最初计划是建造38层，通过预售的方式筹集资金，之后将收入投入生物制药行业，并以生物制药企业的利润反哺巨人大厦。然而，在领导的鼓励以及周围人的热捧之下，巨人大厦的规划一改再改，从最初设计的38层提高到54层，后来追加到64层、70层，计划建成珠海最高的大楼。

这样没有按照实际经营情况制定计划带来的直接后果就是现金流紧张。原先建造一栋38层的大楼，大概需要2亿元的资金，工期两年，但改成70层之后，预算陡然增加到了12亿元，工期延长到了6年，资金回笼时间变长，资金缺口迅速变大。

业绩的高速增长、政府的大力支持、周围人的掌声与鲜花，让史玉柱豪情万丈，对资金不足并没有放在心上。但是，这里有一个严重的错误，就是他把预期收益当成现期收益，然后还提前支出去了。

1993年电脑市场风云突变，之前西方国家对中国出口计算机有禁令，这一年全部解禁了，康柏、惠普、IBM一股脑都进来了。这给本土的电脑品牌造成了很大冲击，巨人集团无法和国际大牌进行竞争，导致市场份额急剧下降，接着是银行断贷、媒体铺天盖地的炒作，让已经风雨飘摇的史玉柱巨人大厦迅速倾塌，史玉柱一夜负债2.5亿元。

正是由于对现状缺乏觉察，史玉柱慢慢失去了对现状的掌控，造成了巨人大厦的"滑铁卢"。虽然后来史玉柱成功凭借脑白金、网络游戏东山再起，但巨人大厦始终是其不愿回忆的伤口。

现状觉察

在赋能对话中，第三步现状觉察指的是客观全面地觉察现状（如图2-6所示），来帮助对方充分了解那些被对方忽视的细节，为第四步优势探索以及行动方案设计提供内容支持。

赋能对话中时不时会出现这种情况——仅仅帮助对方厘清现状，对方会有一种恍然大悟的感觉，发出"我怎么之前没有注意到""我早该想到了"这样的感慨，然后自然而然地找到问题的答案。

究其原因，对方碰到挑战的根源之一就是并没有充分察觉到现状，忽略了某些重要信息，无论是客观事实方面的，还是自我假设方面的。

这里需要明确两个概念：

一是现状，对方所处情景下的相关事实和数据，包括时间、地点、人物、事件等信息。

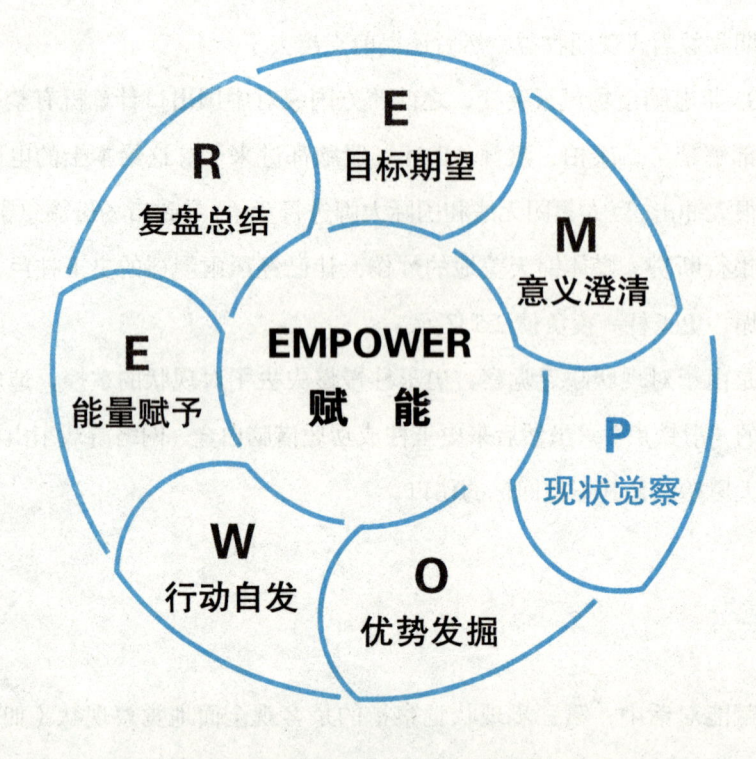

图 2-6　EMPOWER 赋能模型示意图之现状觉察

二是现状觉察，对方对其所处情景下的相关事实和数据的主观理解、认知与感受。

这两个概念是什么关系呢？就像是函数中自变量与因变量的关系，现状是自变量，而现状觉察则是因变量。

举个例子，喜欢钓鱼的朋友都知道，钓鱼时，看到的鱼的位置和鱼实际所在的位置是不一样的，这是一个很普遍的光学现象，叫作"折射"。鱼的实际位置就是"现状"，而肉眼看到的鱼的位置就是"现状觉察"。想要看到鱼的真实位置，就需要在大脑中戴上"滤镜"，将折射的信息进行"还原"。

这里需要重点说明的是，在实际行动过程中，对人行为影响更大的往往不是现状，而是对现状的觉察。就好像不了解折射概念的人，往往会用鱼叉对着肉眼看到鱼的位置刺过去一样。而赋能师在现状觉察这一环节，就是帮助对方戴上了"滤镜"，对"折射"的事实进行全面、客观的解读。

而引发"思维折射"的，就是每个人的思维模式，或者叫作"心智模式"，即一个人解读外界信息的方式。

幸存者偏差——解读信息的误区

著名数学家亚伯拉罕·瓦尔德在第二次世界大战期间一直在美军统计部门工作，有一次军方来找他，要求他查看飞机上的弹孔并统计数据，推算出在飞机的哪个部位加装装甲比较合适。

原来军方派出去的作战飞机，返航的时候往往都会带着不少弹孔。为了避免飞机被击落，就需要在飞机上加装装甲，但装甲安装多了，又会降低飞机的机动性，消耗更多的燃料。装多装少都不行，军方希望把装甲安装在飞机最容易受到攻击、最需要防护的地方，这样就可减少装甲的安装量，又不会降低防护效率。他们希望瓦尔德能算出这些部位究竟需要安装多少装甲。

瓦尔德拿到数据一看，引擎上平均每平方英尺有 1.1 个弹孔，机身有 1.73 个，油料系统有 1.55 个，其他部位有 1.8 个。看起来机身和其他部位最容易受到攻击，应该加装装甲才行。然而瓦尔德的回答却让军方大吃一惊，飞机上最应该加装装甲的地方不是弹孔多的地方，而是弹孔少甚至没有弹孔的引擎。为什么会这样考虑呢？瓦尔德的逻辑非常简单：飞机各部位中弹的概率应该是一样的，为什么引擎上很少呢？引擎上的弹孔到哪儿去了？原来这些弹孔已经随着坠毁的飞机落到地面上了！军方统计的只是安全返航的飞机，那些遭遇不幸的飞机被忽略掉了。

这就是著名的幸存者偏差，人们往往因为过分关注目前的人或事以及幸存的经历，而忽略了不在视界之内或者无法幸存的人或物，容易在不知不觉中犯下错误。

在现实生活中这样的例子也很常见，书店里琳琅满目的励志图书的作者都是一些成功人士，只有成功者才能出书来讲解自己的经历，而在这一领域的其他人，要么失败，要么默默无闻，他们是没有机会出书的。这就造成一种假象，人们会误认为该书介绍的办法就是成功的途径。

经常有人用世界首富比尔·盖茨来举例，说他大学没毕业就去创业，所以取得了成功。但现实中那些大学没毕业的人，有多少成了别人的"垫脚石"？

成功者都很努力，所以努力的人就一定会成功。幸存者偏差不相信这句有明显逻辑错误的格言，你要努力，但不能期望努力就必定成功，否则会陷入无穷的烦恼中。

既然现状觉察如此重要，我们应该如何尽可能客观、全面地了解信息呢？

现状觉察的方法

在现状觉察时，我们往往需要借助一些思维框架，而其中比较有启发意义的就是"乔哈里窗"（如图2-7所示）。这一理论将关于现状的信息划分为四个区域：

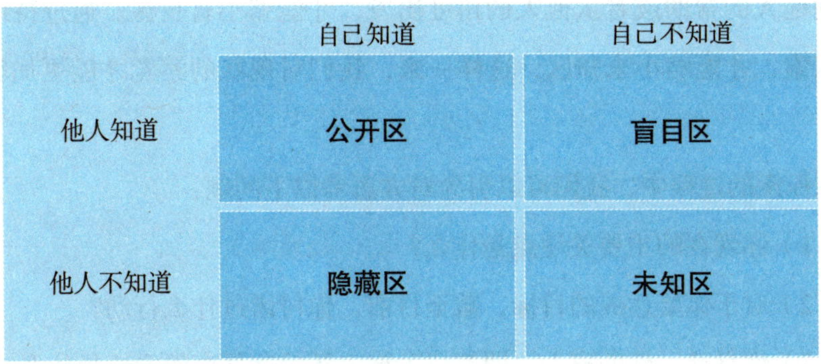

	自己知道	自己不知道
他人知道	公开区	盲目区
他人不知道	隐藏区	未知区

图 2-7 乔哈里窗模型

公开区是自己知道、别人也知道的信息。例如你的家庭情况、姓名、部分经历和爱好等。公开区具有相对性，有些事情对于某人来说是公开的信息，而对于另一些人可能会是隐秘的事情。在实际工作的人际交往中，共同的开放区越多，沟通起来也就越便利，越不易产生误会。

隐藏区是自己知道、别人可能不知道的秘密。例如你的某些经历、希望、心愿、秘密，以及好恶等。一个真诚的人也需要隐藏区，完全没有隐藏区的人是心智不成熟的。但在有效沟通中，适度地打开隐藏区，是提高沟通成功率的一条捷径。

盲目区是自己不知道、别人却可能知道的盲点。例如你性格上的弱点，能力的不足之处，你的某些处事方式，别人对你的一些感受和反馈等。

未知区是自己和别人都不知道的信息。例如某人自身未开发到的潜能，自己身上隐藏的疾病。未知区是尚待挖掘的区域，也许会通过某些偶然或必然的机会，潜能得到了开发，使别人对自己有较为深入的了解，自己对自我的认识也不断地深入，人的某些潜能就会得到较好的发挥。

乔哈里窗对于现状觉察的最大启示就是：在现状觉察的过程中，往往需要借助他人的帮助或者从他人的角度出发，才能缩小盲目区。通过持续地学习与探索，才能缩小未知区，这样一来，我们对现状的察觉才能更加客观、充分。

在探索的过程中，我们可以引导对方思考以下问题：

（1）你现在的主要关注点是什么？

（2）对于你要达成的目标，截至目前，你付诸过什么行动？

（3）你自己、你的家人、朋友或关键人员对这件事的看法是什么？

（4）对于这件事，你的家人、朋友会对你说什么？

（5）在碰到挑战之后，你做过什么？

（6）这件事对你造成的影响是什么？

（7）除了这件事，目前阶段还有什么事情让你夜不能寐？

赋能对话案例

黄先生的择业之路（现状觉察）

在对方明确了目标意义之后，通过对现状的充分觉察，能够帮助其从盲目"冲动"中走出来，变成理性的"冲动"。

赋能师：看得出你现在跃跃欲试，但我们还是要一步一步来。你之前在银行工作了几年之后就感觉到了"不对劲"，在这之后你具体做过什么？

黄先生：说起来也是有点儿惭愧，我工作快10年了，但是真正做出行动的也就一次，大概是在工作四五年的时候，我在工作中认识了一个朋友，相处得非常愉快，后来他去了一家新成立的投资公司工作，正好他们需要一个投资顾问，就推荐了我，我还拿到了Offer，不过最终还是放弃了。

赋能师：是什么原因让你放弃了这个跳出圈子的机会呢？

黄先生：其实我在刚拿到那家风投公司Offer的时候，还是挺开心的，觉得自己还是有能力"出圈"的。但是经过慎重考虑后，很担心自己没办法适应新岗位的挑战，而且那是一家新成立的公司，我心里还是有些顾虑。对比现在的铁饭碗，至少不担心失业，毕竟自己还有房贷要还。所以我最终还是没去，现在回想起来也非常后悔。

赋能师：对于这些，你的家人、朋友对你说了些什么？

黄先生：我的父母觉得还好，因为他们都希望我能够稳定一些。我的朋友，尤其是一些已经离开银行的前同事，倒是觉得我应该去试一试，毕竟那时候还年轻，出去闯一闯还是比较好，如果到了35岁以后，可能就没有机会去闯了。

赋能师：你当时听了家人和朋友的话之后，你内心感受最强烈的声音是什么？

黄先生：最强烈的声音是"或许我可以"吧，在那之后，我有很长一段时间都在思考，如果当时我去了投资公司，会怎么样呢？

赋能师：后来你还关注那家公司的情况吗？

黄先生：一直都很关注，后来这家风投公司业务做得很好，管理的资金规模也越来越大。招人的要求也提高了，现在不好进入了。

赋能师：这件事对你之后的工作状态有什么影响？

黄先生：最大的影响就是我开始慢慢培养自己的兴趣爱好，让自己在朝九晚五的规律生活中寻找一些乐趣：我喜欢旅行，看到有趣的人和美丽的景色就会拍拍照片。一开始仅仅是玩票性质的爱好，到后来却一发不可收拾。在这过程中我结识了很多玩摄影的小伙伴，他们之中不少人都创办了摄影工作室，时间自由，收入还不错，我还挺向往的，所以也就想着，是不是也可以试一试。

赋能师：在你有了开一家自己的摄影工作室的想法之后，做过哪些准备工作？

黄先生：我主要是和朋友简单聊了聊这个想法，听取了他们的建议。

赋能师：你朋友的建议是什么？

黄先生：他们的建议比较简单：如果想成立自己的摄影工作室，一定要明确自己的客户群体，因为在当地摄影工作室很多，竞争还是比较激烈的，如果没有自己鲜明的特色与目标客户，很难经营下去。

赋能师：听了这些建议之后，你采取了什么行动？

黄先生：那时候我就开始关注并思考拍摄主题以及目标客户的问题。最终我发现，儿童摄影市场前景不错，而且相对来说，专门做这个主题的工作室还比较少。

赋能师：之后呢？

黄先生：之后我和家里人也聊过类似的话题，但是他们都觉得创业风险太大，我又没什么经验，所以每次都说不支持，我自己也很纠结。

赋能师：他们对此最顾虑的原因是什么？

黄先生：一开始我觉得是他们的思想比较守旧，觉得铁饭碗稳定，但是在和你交流之后我发现，可能是我的问题。我和家人交流的时候，总是在说别人搞这个工作室很自由，收入也不错，我和他们差不多，所以肯定没问题。而从来没有非常细致地一步一步将自己的计划列出来，然后逐一评估，让自己心里有底，让家人们也知道，我不是嘴上说说，而是真正地在身体力行地做。

（这句话其实是一个巨大的进步，黄先生开始从客观的角度剖析自己之前没有意识到，或者是不想意识到的问题核心。黄先生过去并没有仔细思考创业的方方面面，仅仅觉得和自己差不多的朋友开的工作室都运营得不错，自己肯定也可以，下意识地忽略了创业的门槛。而恰恰是这种无意识的忽略，不仅让黄先生心里不踏实，也让家人顾虑重重。）

赋能师：嗯，你能自我意识到这一点其实很不容易。

本案例的现状觉察环节，我们首先回顾了黄先生的行为"在这之后你具体做过什么"，之后通过询问对方自己、家人、朋友等对运营摄影工作室的看法，从多角度帮助对方觉察现状，缩小信息盲区。在通过多方面的信息汇总后，对方出现了关键性的突破，即打破原有假设，探寻到了家人不支持的关键原因——没有仔细思考创业的细节，忽略了创业的门槛，不仅自己心里不踏实，也让家人顾虑重重。

让对方觉察到了现状之后，我们要逐步过渡到行动阶段，但在这一过程中，我们首先需要帮助对方了解自身的优势、增强自信，才能更好地往下推进，构建出更加具有建设性的行动方案。

04

优势发掘（O）

乔丹：从"篮球之神"到"棒球滑铁卢"

被誉为"篮球之神"的乔丹，在篮球领域可谓无人不知，无人不晓，他曾带领芝加哥公牛队实现了两次三连冠，成为 NBA 历史上获得 FMVP 次数最多的球员；他曾经多次在逆境中带领球队实现最后的"绝杀"，许多体育专家都在赞叹乔丹惊人的篮球天赋。

然而，体育天赋强大的乔丹也有自己明显的弱点。在获得第一个三连冠后，由于父亲遇害，为了实现父亲的遗愿，乔丹加入了棒球大联盟，开始了棒球比赛生涯。然而在两年的棒球比赛生涯中，乔丹却走进了人生中的低谷，打击率、上垒率等数据远低于平均数据，可谓处于垫底水平。

为什么在篮球赛场上具备强大实力的乔丹，在棒球赛场上却表现平平？究其原因，在于这是两项完全不同的运动，对身体的天赋要求也截然不同。职业棒球运动员更注重的是腰腹和下肢力量的结合，对身体转向和动态视力有很高的要求，而对于篮球运动员来说，更注重手指、手腕的惯性训练，与棒球运动员的标准大相径庭，自然无法取得好成绩。

不仅在体育运动中如此，在职场上同样如此，有的人仿佛与生俱来有一种"社牛"的天赋，在什么场合都能表现自如；有的人对数字、体系流程、细节很敏感，能够敏锐发现其中规律；有人适应按部就班的工作；有的人独具创意，每个人都有自己的独特优势，而正是这种优势的不同，使每个人在职业发展、问题解决中出现了不同结果。

如果一个人对自己的优势没有全面的了解，在工作中不能充分发挥自己的优势，那么一方面在工作的时候事倍功半，另一方面也会对自己失去信心，会更加畏首畏尾。反言之，如果能够在充分了解自身优势的基础上，尽可能在工作中应用，往往会事半功倍（如图 2-8 所示）。

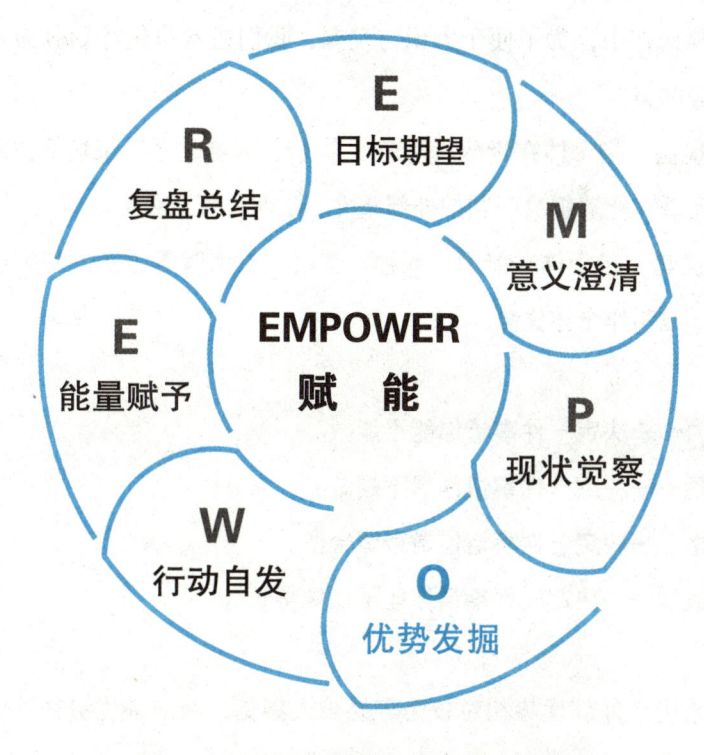

图 2-8　EMPOWER 赋能模型示意图之优势发掘

优势发掘

优势的定义有很多，在性格、能力、心理、资源等各个方面都有阐述，而在赋能对话中，我们将优势特指为——任何有助于达成目标、解决问题的要素的集合体。只要对达成目标有利，那就是优势。同样的要素，在不同的目标背景下，对实现目标所起到的作用也截然不同。

如果你的目标是成为篮球运动员，高大的身材就是一个很大的优势，而如果你的目标是成为宇航员，那么这就是一个劣势，因为航空器内有限的空间并不能让高大的宇航员灵活地进行活动。

在实际操作中，为了便于辨识与发掘，我们通常将优势划分为外部优势与内部优势两类。

外部优势，指个体在资源、渠道、资金、人脉关系、市场等方面有利于支持目标实现、能够解决问题的外部条件，也叫作资源优势。

内部优势，指个体在能力、兴趣、性格、价值观等方面的特征或者行为模式偏好，也叫作个体优势。

- 能力——决定一件事情你能不能做。
- 兴趣——决定一件事情你想不想做。
- 性格——决定一件事情你是否适合做。
- 价值观——决定一件事情你能不能做得长久。

一般来说，外部优势相对较为容易被人察觉，而内部优势往往受限于环境因素，不容易充分展现出来，因此需要借助相应的方法、工具。

内部优势的发掘有各种不同的方法，根据发掘的方式可以划分为测评法与总结归纳法两种。

优势发掘的常用方法

1. 测评法

测评法就是通过各种专业的测评工具，对个体能力、兴趣、性格、价值观等进行客观的评估，其测评问卷的主要理论依据是心理学中的心理测量学。

（1）能力测评。

赋能对话中对于能力的定义借用了能力的心理学解释——一个人顺利完成某种活动所必须具备的心理特征，表现出人与人之间存在差异的活动效率及潜在可能性。因此主要通过心理学的测评工具来进行能力测评，典型的测评方式有：IQ测试、盖洛普优势测试、各类专业技能测试等。

①IQ测试。主要评估个人的综合能力水平，如逻辑思维能力、分析能力、语言能力、空间想象力等，是目前最科学的检测个人能力的方法之一。目前在测试方面采用最广泛的是韦氏智力量表。

②盖洛普优势测试。由美国盖洛普公司在长达30年的系统研究中，对200多万次不同人员的访谈进行了总结分析，最终总结提炼出了34个能力优势主题，代表了人们最典型的能力优势类型。通过测评了解到个人的能力优势类型组合后，能够对个人的发展提供有意义的参考。

③各类专业技能测试。如法律资格考试、CFA、CPA、英语四六级证书等，取得这些证书，说明在相应领域有一定的知识、技能基础。

（2）职业兴趣测评。

职业兴趣是指人们对某种职业活动具有的比较稳定而持久的心理倾向，使其对某种职业给予优先注意。在职业兴趣测评方面，比较通用的测评工具是霍兰德职业兴趣测试。

该测评由美国职业指导专家霍兰德根据其大量的职业咨询经验及职业类型理论编制而成。该工具提出，个人职业兴趣特性与职业之间应有一种内在的对应关系。根据兴趣不同，可分为研究型（I）、艺术型（A）、社会型（S）、企业型（E）、传统型（C）、现实型（R）六个维度，每个人的职业兴趣都是这六个维度的不同程度组合。

（3）性格测评（MBTI）。

MBTI职业性格测试是国际上最为流行的职业人格评估工具，作为一种对个性的判断和分析的理论模型，从纷繁复杂的个性特征中，归纳提炼出四个关键要素——动力、信息收集、决策方式、生活方式，并进行分析判断，从而将不同个性的人区别开来。

（4）价值观职业锚测试。

职业锚理论产生于在职业生涯规划领域具有"教父"级地位的美国麻省理工学院斯隆商学院、美国著名的职业指导专家埃德加·施恩教授领导的专门研究小组，通过长达12年的跟踪研究——包括面谈、跟踪调查、公司调查、人才测评、问卷等多种方式，最终分析总结出职业锚理论。目前该理论共总结出八种不同类型的职业锚——职能型、管理型、独立型、稳定型、创业型、服务型、挑战型、生活型。

2. 总结归纳法

总结归纳法就是通过对方过去经历的总结归纳，结合对方反馈所分析得出的对方优势。总结归纳法中最常用的就是成就事件法。即让对方列出一些让其觉得很有成就感的事件，通过对成就事件中关键词的提炼，总结归纳出对方的优势。

具体操作步骤如下：

（1）成就事件描述。

写出你最有成就感、最受他人认同的故事。这个成就事件可以是在某个特别紧急的场合，临危受命解决问题，也可以是帮助下属不断成长。

（2）成就事件分析。

分析在这个成就事件中，是什么内部或外部优势，帮助你达成了目标。比如能临危受命解决问题，或许是你抗压能力强，临危不乱，而且专业功底扎实；比如帮助下属成长，或许是你善于辅导，并能够因材施教。

（3）优势分析。

分析你为什么能够拥有这些优势，进而能够发现更多的优势。比如你善于辅导，可能是源于你能够观察出下属的不足；为什么你能观察出下属的不足，因为你比较善于观察，特别仔细，关注细节。这样经过一系列分析，你就可以精准地发掘出自己的一系列优势。

在应用成就事件法时，通常我们可以使用以下问题：

在过去的人生中，你最有成就感的事情是什么？

这件事为什么会让你感到很有成就感？

在这个事情中，你碰到的最大挑战是什么？

你是如何解决这一挑战的？

在解决这一挑战过程中，你的哪些特质或优势帮助了你？

你觉得这些特质或优势，还可以运用在其他哪些领域？

与其他面临这一挑战的人相比，你有何不同？

赋能对话案例

黄先生的择业之路（优势发掘）

在第三步现状觉察之后，我们就可以开始逐渐进入解决方案的环节，但在这之前，需要详细地了解对方的优势，从而基于优势制订相应的行动计划。同时，也需要了解对方身上存在的不足，规避由于缺点带来的风险。

黄先生在赋能师的建议下，进行了完整的霍兰德职业兴趣评估，以及盖洛普的优势评估，并将测评结果发给了赋能师。

黄先生的霍兰德码是 RSE，即实际型、社会型以及事业型，而分数最低的是 C，也就是传统型。总体来说，黄先生倾向于从事需要进行实际工具运用的、能拥有和谐人际关系的，并有一定挑战性的工作，赋能师将这一霍兰德代码进行对比后，发现与摄影师这一职业也很匹配。

而黄先生的五大优势主题之一就是成就感，这表明黄先生始终渴望有所作为，并且希望每一天都有收获，这样的特质使得黄先生始终不满足于目前有规律性的工作。

但是要注意，任何一个性格测评或者能力测评都不可能达到100%的效度与信度，所以测评结果仅仅是作为参考，而不是金科玉律。在这一认知基础上，赋能师与黄先生开始了进一步的交流。

赋能师：黄先生，刚刚我们对你的测评结果进行了说明，你觉得和你本人的情况匹配度如何？

黄先生：确实和我目前的情况很类似，尤其是实际型，虽然我在银行工作，但我特别喜欢摆弄各种小玩意儿，喜爱摄影也是因为享受那种运用照相机拍出美丽画面的过程。至于得分最低的那一项，可能是我不太喜欢每天都重复做基本上一模一样的事，实在是太枯燥无味了。

赋能师：你在经营摄影工作室上有哪些优势？

黄先生：结合你之前提到的个人优势、资源优势的划分，我觉得特别准。我自己在能力方面，比较善于沟通，能很快和朋友打成一片；在兴趣方面，测评说得也挺准确，我个人比较喜欢摆弄那些小物件；在性格方面，我比较外向，对于创办工作室这类工作也会有帮助；在价值观方面，我比较喜欢追求自主的生活，也和成立摄影工作室的状态相似。

赋能师：确实是这样，除此之外，你还有哪些个人优势呢？

黄先生：我同事觉得我这个人做事比较可靠，执行力强，在性格方面也比较开朗活泼。不过有时候比较固执、较真。家人对我的评价就是人很真诚、踏实。朋友嘛，对我最多的评价就是讲义气。

赋能师：看来大家对你的评价和你的自身评价还是有一些区别的。而我从之前沟通的过程中发现，你还有一个很大的优点，就是你的适应能力其实很强。从借调的经历中可以发现，在那段时间里，你很快适应了不同节奏的工作，并且还结识了一群新朋友，这并不是每个人都能做到的。而且，创业和上班是两种完全不同的工作和生活状态，而强大的适应能力能够让你比较快速地适应两者之间的切换。

黄先生：谢谢，如果不是你提到，我还从来没有意识到自己还有这种优势。

赋能师：在资金方面会有优势吗？

黄先生：资金不能算是我的优势，反而可以说是我的劣势，从目前的收入和存款来看，如果我创业的话，家庭负担会比较重。

赋能师：你考虑过和他人合伙，或者借助创业贷款之类的融资渠道吗？国家也有政策鼓励创业。

黄先生：这个在之前有考虑，但总觉得和别人合伙、银行贷款是有风险的。合伙的话，会有意见不一的风险，我更喜欢自己做主；银行创业贷款的申请手续比较麻烦，而且万一经营不善，还会背负还款压力，那就更危险了。

赋能师：人脉方面呢？

黄先生：在人脉上来看，我在银行工作，接触的人虽然多，但是能对我经营摄影工作室提供帮助的人不多，倒是在参加摄影活动中认识了一些摄影师朋友，而这之中有不少目前独立运营着工作室的朋友。

赋能师：你向他们取过经吗？

黄先生：并没怎么专门取经，因为我的主攻方向是儿童摄影，而这些朋友大多是面向成年人的创意摄影，我觉得可借鉴的地方不多，所以仅仅聊过工作室的经营收入情况，其他并没有细聊。

赋能师：除了摄影类型不同外，还有什么地方会和你自己创立的摄影工作室不同呢？

（黄先生在听到这句话之后，沉默了好一会，因为原本在他看来，所谓借鉴的基础是至少方向要相同。而实际上并非如此，即使方向不同，也有许多可以借鉴的方法。）

黄先生：因为我太过执着于选择完全和自己经营方向相同的

摄影工作室进行学习，总想找完全一样的，但却忽略了这样一个事实——虽然目标客户群体不同，但任何企业的经营都离不开成本、销售、运营几个方面，摄影工作室在很多方面都是相通的。

（黄先生本人是具备一些相关人脉资源的，但是由于没有充分挖掘这些人脉关系的实际价值，因此觉得自己的资源比较匮乏。）

赋能师：没错，所以从资源上看，虽然你的资金方面并不占优势，但是在人脉资源方面还是有潜在价值等待你发掘的。

经过这一段对话后，黄先生开始关注周围一些平时被他忽略的细节，比如，黄先生的爱人是幼儿园的老师，只要以合适的方式加以运用，对于专攻儿童摄影的黄先生来讲是个非常好的突破口，但是黄先生却下意识地忽略了。运用多种工具充分发掘自身优势，能够让对方在解决问题时有意想不到的收获。

人们在进行优势发掘时，一定要将视野放宽，因为资源支持是为行动计划的设计做铺垫，毕竟"巧妇难为无米之炊"。

05

行动自发（W）

面对新的职场环境，如何调整自己

Lisa 从世界 500 强企业跳槽到民营企业，就自我职业规划来说，实现了自己当初设定的目标，而这几年职场就业情况确实发生了巨大的变化，民营企业快速、规范地成长，越来越重视人力资源，特别是随着收入的大幅提升，使得大量的优秀人才开始将民企作为职业发展的首选，而外企则稍微逊色了一些。Lisa 身为知名外企的人力资源负责人，经常听到有同行跳槽到民营企业，Lisa 心也动了，开始关注民营企业的工作机会，一个机缘巧合，她顺利加入一家民企服装零售企业。

公司的规模和平台，完全符合她当初择业的预期，可是企业文化的差异，让她逐渐有点措手不及，入职后加班成为家常便饭，虽然有点超出她当初的预判，但还是在可接受范围之内。在日常管理中，偶尔会听到有的部门负责人在沟通中使用粗暴的语言。公司的政策有些也会朝令夕改，有时候做到一半，就莫名被叫停。

怎么办？是不是到了无法适应这个平台的状态呢？下一步该如何走下去？是放弃这个机会，还是让自己低落的情绪左右自己的判断呢？

调整自己，适应环境，这是 Lisa 多次思考后做出的决定，而且详细计划了一系列的行动。

第一是文化上的适应。

Lisa 调整了自己的心态，也更换了工作方式，完全体现结果导向，灵活适应公司高层团队和老板管理风格。

第二是角色的转变。

从职业经理人到事业经理人，再到创业合伙人的思维转变，必须具备企业家精神。调整时间分配，到现场多去了解业务情况，到一线店铺去了解员工动态、客户满意度，并拜访客户等，依据收集到的信息，针对业务上出现的问题，逐一攻破以完成任务目标。

然后根据自己的经验，准备制定一系列的管理制度并予以落实，并努力争取到管理层支持，进而改善目前业务管理方面出现的各种带有个人主观看法的现象。

Lisa 具有多年的管理经验，面对新的环境，能够快速地进行自我调整，这也是对很多跳槽或者到了新的工作环境中的每位职场人士的一个提示，当我们无法改变环境时，就要想办法去适应现状并解决问题。

行动自发

在赋能对话中，"行动"是指带有强烈意愿，为了达成目标，充分运用个人优势而采取的一系列行为。而"行动自发"则是对这一系列行为的自发规划（如图 2-9 所示）。在与对方沟通的过程中，通过赋能对话，引导对方制定出清晰的行动方案，是这一环节的主要目标。

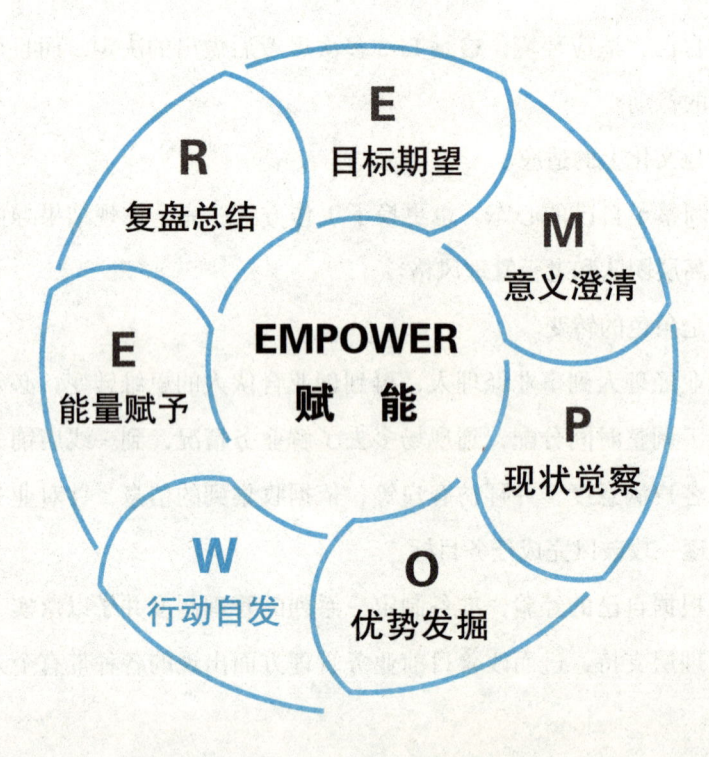

图2-9 EMPOWER赋能模型示意图之行动自发

在制定行动方案的过程中,往往并非一帆风顺,可能需要考虑很多实际的要素,经历很多挑战才能制定最终方案。于是我们往往会有这样一种错觉,一旦形成了具体方案,就好像我们的目标已经"唾手可得"。

如果拥有这种想法就大错特错了。实际上,制定完行动方案,仅仅是万里长征的第一步。因为从方案到执行,往往存在着巨大的"知行鸿沟",正是这一鸿沟,让看上去"可行"的行动方案,在落地执行时遇到很多困难。

其实,我们在制定行动方案时,可以尝试问自己一个问题,给自己一个警示。这个问题很简单——我们为什么要制定行动计划?因为事情本身就很困难,对于一件简单的事情,我们根本不需要做计划,直接去做即可,正是因为达成目标这件事情十分困难，充满挑战，我们才需要用计划分步实现。

有了这样一个认知，我们在完成行动计划之后，就会更加理性地看待问题。

行动自发的注意事项

既然达成目标这件事本身就充满挑战，那么行动方案的合理性、有效性，就显得尤为重要。在制定行动方案的过程中，赋能者需要帮助对方探寻以下几个方面的问题。

1. 行动方案的设计

一个有效的行动方案，通常需要包括以下要素：

（1）做什么（What）。

在这个要素中，赋能师需要辅导对方明确地列出接下来要完成的具体任务、成果，以及最重要的一点——这项任务与最终目标之间的关系，为实现最终目标起到了何种作用。在之前的章节中，我们介绍了SMART原则，这一原则也同样适用于界定"做什么"。

（2）什么时候做（When）。

在这个要素中，赋能师需要帮助对方明确完成任务的时间点，并且通过提问，检查时间点设定的合理性。

对方在设定时间期限的过程中，通常会出现两种倾向，过度压缩以及过度延期。而应对这两种倾向的策略就是——"细化"与"类比"。

"细化"就是将对方准备做什么与什么时候做进行匹配。以跳槽为例，将任务细化为准备简历、搜寻市场机会、面试准备、面试模拟、面试经验总结等，然后就每一小块内容界定时间，这样更容易验证其合理性。

"类比"就是与他人常规的完成时间进行比较，验证其合理性。以马拉松长跑的参赛准备为例，对于零基础的30岁左右的成人而言，可能需要3~6个月的持续训练才能实现无伤痛完成"半程马拉松"的目标，在此基础上再训练4~6个月才有可能无伤痛完成"全程马拉松"。如果你想三个月就完成从零基础到跑完"全马"，那通常而言是不太合理的。

（3）怎么做（How）。

在设计行动计划的过程中，要尽可能基于自己的优势来考虑怎么做的问题。在上一环节中所提炼出的外部优势与内部优势的基础上进行思考，这样更有可能达到事半功倍的效果。

比如想要准备转换行业，周围正好有朋友是该行业的从业者，那么通过他可以更快、更真实地了解这个行业或者岗位的能力需求，甚至可以让朋友帮你进行面试辅导或者内部推荐。比起自己从网络上搜寻行业信息、投递简历等方式，通过朋友了解的效率会明显提高不少。

2. 资源与精力的投入

在行动方案实施的过程中，会涉及资源、精力等方面的投入，而只有充分认识到这些投入会对自己产生哪些影响，才能让方案的实施更加稳健。

不少人都曾经有过减肥、健身的计划，但是在实际情况中，能够按计划坚持下去的人很少。究其原因，最重要的就是降低了对于健身计划的资源投入并低估了对自己产生的影响。

平时下班回家后，可以先休息，比如看一会电视、看看书，而开始健身后，到家冲个澡可能就想休息了；为了达到健身效果，还需要远离一些你曾经很热爱的美食；在坚持了一段时间后，由于突发的工作或者生活事件，原本的健身计划被打破了，之后就失去了继续坚持的动力。

因此，在制订行动计划时，要考虑可能的风险因素对于行动方案实施的阻碍，否则可能会功败垂成。而更为关键的是，这些行动必须是自发的，而非外力推动的，否则也很难执行下去。

除了在制订计划的时候提前设想可能遇到的困难与挑战以外，"试点测试"也是一个很好的方法——通过局部、短时间的行动计划试验，检验行动计划的可行性。"试点测试"的好处在于，通过实际测试来搜集在计划执行过程中可能会出现的问题，然后想办法解决。在按照自己的计划"试行"一段时间后，与赋能师进行探讨，决定是否需要调整行动计划。

在制定行动方案时，通常会关注以下问题：

（1）接下来，你打算做什么来达成你的目标？

（2）还有别的什么行动方案吗？如果有，会是什么？

（3）过去的成功经验证明什么是可行的？

（4）为了达成目标，你需要投入哪些资源？

（5）除了自己，你还有哪些外部的资源可以利用？

（6）之前提到你的很多优势，你会如何运用这些优势来帮助自己达成目标呢？

（7）如果有更多的时间、控制权、资金，你会怎么做？

（8）其他面临类似情况的人是如何做的？

赋能对话案例

黄先生的择业之路（行动自发）

在进入第五步行动自发这个阶段之后，对话的重点与策略就会有所调整，赋能师除了激发对方制订行动计划之外，还会从专业的角度提出建议，并且让对方充分理解这些建议并在实际中自觉使用。在赋能对话策略中，往往会让对方来思考行动方案，但是在实际的应用过程中，对方往往需要更直接、更明确的建议。因此，我们在此基础上，结合对方的意愿、优势等因素，可以合理地、有选择性地给予建议，这样一方面能够让对方有作出承诺的责任感，另一方面在对方有需求时可以给予适当帮助。

赋能对话

赋能师：黄先生，在我们谈论接下来的行动方案之前，我希望能够和你再次确认下本次赋能对话的目标。

黄先生：我的目标是，如何利用接下来一年的时间，做好自己开办运营摄影工作室的准备——清楚地了解经营摄影工作室中每一步应该做的事情以及所需的资源、可能面临的风险；同时，明确在这一过程中自己还需要提升哪些能力，以及如何提升这些能力。

赋能师：好的，从目前来看，想要达成目标，你认为需要采取哪些行动？

黄先生：我觉得首先需要对开办工作室所需要准备的事项按照一定的逻辑做一个大致的梳理，因为我之前只是有一个大致的想法，但都是零碎的。之后再找经营工作室的朋友们将清单内容做一个补充，明确每个步骤所需要的资源挑战。最后再评估下自己在这份工作清单中哪些是能做的，哪些是需要提升的，哪个优先级最高，然后再开展行动。

赋能师：你将接下来要做的事情分成了几个阶段？每个阶段你需要具体怎么做？具体来说，你会如何梳理呢？

黄先生： 我是想按照时间顺序进行罗列的，比如说工商注册、摄影室选址装修等，一步一步地列出来，然后再进行补充。不过我总觉得有些抓不住重点。

赋能师： 你是否愿意听一下我的建议呢？

黄先生： 当然，我也想听听你的建议，一个人琢磨总是觉得抓不住重点。

赋能师： 你觉得我会给你什么建议呢？

黄先生： 我觉得你可能会让我从重要性方面来对工作清单进行梳理。最重要的是获取客户，然后就是有比较好的摄影技巧，这样才会有回头客。

赋能师： 还有吗？

黄先生： 其他方面，我觉得相比之下都还好。因为公司注册、选址装修等方面，其实相对来讲没那么复杂，这也不是我和家人关注的重点，而做好获客工作以及提升摄影技巧才是核心，家人们对于这两点总是心怀顾虑。

赋能师： 关于这两点，你可以以此为重点和几个自己运营工作室的朋友交流一下，看看是否会有新的收获。一方面，验证你对重点工作的把握是否准确；另一方面，可以看看他们是怎么做的，优势资源是什么，你是否具备。

（黄先生同意了，并且确定了三位请教的对象：一位是主攻艺术照的摄影师，一位是从事证件照拍摄的摄影师，还有一位是专做婚纱拍摄的摄影师。

再次与黄先生见面时，黄先生脸上带着笑容，之前的忧虑与烦恼仿佛从未出现，黄先生一定是有了很重要的收获。）

赋能师：能分享下你和三位摄影工作室的创办者交流的结果吗？

黄先生：在访谈做艺术摄影工作室的朋友时，他们告诉我，自己开摄影工作室最主要的原因是时间比较自由，能够主导自己的工作安排。另外，自己对摄影很感兴趣，愿意花时间钻研，而对于收入，其实并不是最主要的考虑因素。每天的主要工作是寻找小众而独特的拍摄场地，另外就是修图还有拍摄照片，时不时还要接待前来咨询的顾客。就开办摄影工作室的能力要求而言，最重要的是有自己的摄影风格，也就是对于照片的构图、光线、色彩搭配要有自己的独特理解。其次是要有宣传的渠道，比如微博、朋友圈、摄影师的聚会等，将自己的优秀作品广而告之。最后还要注意，要找准自己的目标客户，否则宣传就是事倍功半。在摄影工作室的选址上，并没有太多的讲究，只要交通便利即可，因为拍摄艺术照片的目标人群往往愿意花费更多的时间寻找最合适的摄影师。而开办摄影工作室最困难的地方，就是如何度过初始期，因为一开始没有太多顾客与作品，因此前半年基本处于亏本状态，直到半年后，工作才会慢慢充实起来，一两年之后才算是走上正轨。

而经营证件照摄影工作室的朋友告诉我，他开这样一个工作室的原因是看到了证件照摄影的盈利空间比较大，工作相对轻松，可以有更多自己的时间去体验不同的生活。就关键技能方面来看，重要的是能够开拓稳定的客源，以自身为例，自己与附近的中小学合作，负责学生的证件照拍摄工作，并不需要太多的精力，便可以获得一份稳定的收入。而在开业过程中，最大的困难就是如何开拓第一个学校的市场，自己也是花了很长时间，才通过朋友介绍辗转进入这一市场的。而在第一家合作成功后，再向其他学校推销，难度就会降低很多。总之，万事开头难。

创办婚纱摄影工作室的朋友对我说，他之所以创办这个工作室是因为自己结婚时的一次意外收获。作为科班出身的摄影师，希望自己的结婚照与众不同，然而，他找了许多影楼，都达不到他想要的效果，结果干脆自己包办。当他将婚纱照与朋友分享时，大家都觉得很特别，问他在哪里拍的。随着咨询的人越来越多，他干脆辞去工作，开办了自己的工作室。他认为，开办摄影工作室最重要的优势是要有与众不同的点，比如摄影主题、风格等，最忌讳的是千篇一律。对于他来说，最大的困难是如何保持风格的持续进步，现在市场竞争很激烈，如果你不进步，很快就会被淘汰。

赋能师： 确实都各有各的要求，你在与这些人交流后，对运营自己的工作室有什么看法？

黄先生： 想开工作室的想法更坚定了，也更清醒了，短期内我还达不到辞职创业的条件。不过，我需要努力的方向已经很明确了——提升摄影技巧以及修图技术，因为摄影作品才是核心竞争力，然而我现在的水平可能还比不上科班出身的专业人士。而有了过硬的摄影技术后，宣传获客就像有了"子弹"。

赋能师： 很高兴你能得出这样一个明确的答案，也找到了短期内努力的方向——提升摄影技巧和修图技术。你能具体说说是哪些内容吗？

（随着对话的一步步加深，问题也逐渐凸显出来，从一开始明确运营工作室的准备工作，变成了摄影能力的提升。这并不是对话目标或者主题的变化，而是随着对方的成长，所需要迫切解决的问题发生了改变，作为赋能师，只要确保大体的方向不变即可。）

黄先生：我的目标就是不断丰富自己对于构图、色彩、修图等方面的理论认识，并通过各种机会进行实践，同时得到专业人士的认可和指导。

赋能师：这个目标很好，你具体打算如何实行呢？

黄先生：一方面，我觉得在专业技能的学习上，需要阅读一些专业的书籍，因为之前都是自己摸索，通过一些网上视频学习，理论功底比较弱，所以在与同行交流的时候，我有时并不能从理论的角度发现自己的不足；另一方面，我觉得需要加强练习，我妻子所在的幼儿园经常会举办一些活动，我可以在幼儿园举办活动时当志愿者，帮忙拍一些照片，这样一来，就有了大量的实践机会。如果反馈不错的话，还能让妻子帮忙在幼师的圈子里宣传，算是积累早期客户。

赋能师：确实很不错，不过我建议可以增加一个向专家请教的方法。因为成人学习理论中有个"70%——20%——10%"的原则，说的是能力提升的70%来源于实践经验，20%来源于与他人交流，10%来源于理论学习。虽然理论学习只占10%，但也十分重要。

黄先生：如果是这样的话，我之前在活动中曾和一位做儿童摄影的专家交流过，也可以和他联系，看看有没有机会做他的兼职助手，帮助他进行照片的后期制作等工作，在此过程中也能向他请教专业技术。

赋能师：看来你的人脉圈还是很广的，我们还是要给这些行动计划加一些时间限制，还有就是量化目标。

黄先生：这样，我觉得按照自己的经验，每天阅读30分钟专业书籍是没问题的；然后在两个月内至少做四次摄影志愿者，拍摄100张家长觉得不错的活动照片，最好能洗出来放在幼儿园的宣传栏里；最后就是如果可能，成为那位专家的摄影助手，帮他处理200张以上的照片，并符合摄影要求。

在行动自发的环节中，赋能师与对方一起，制定了具体有效的行动方案，能够将宏大的目标细化为一个个可行的行动，一方面增加了目标实现的可能性，另一方面能够帮助对方树立行动可达成的信心，更重要的是，这些行动计划是依据对方的意愿与优势自发制定的，在实施动力以及执行效率方面会得到更大提高。

需要注意的一点是，顺利是少见的，困难是常见的，因此当行动计划进展不顺利的时候，就需要赋能师的支持，这也就进入了我们赋能对话的下一个环节——能量赋予。

06

能量赋予（E）

黄峥："贵人相助"造就拼多多的辉煌

2018年7月26日，拼多多在美国纳斯达克交易市场挂牌交易，开盘价格26.5美元/股，其创始人黄峥成为当时中国身价最高的"80后"。这一时间距离拼多多成立，还不满三年。而他能获得如此成就，除了自身的努力之外，贵人相助也很重要。

第一位贵人丁磊

2001年，网易的丁磊通过MSN联系到还在浙大读书的黄峥，想请他帮忙解决一些技术问题，一来二去，丁磊和黄峥亦师亦友。与丁磊的相识奠定了黄峥后来连接其他贵人的基础。

第二位贵人段永平

在丁磊的引荐下，赴美留学的黄峥认识了段永平——曾经创造"小霸王"和"步步高"、孵化"OPPO"和"vivo"的"大牛"。在段永平的帮助与劝说下，黄峥在微软和谷歌两家公司中选择了即将IPO的谷歌，黄峥通过期权赚了数百万美元，积累了创业的第一桶金，可谓"贵人"一句话，胜打十年工。不仅如此，段永平还带着黄峥一起参加了"巴菲特的午餐"，有了这层光环，黄峥的事业发展得风风火火。

第三位贵人孙彤宇

在拼多多创立初期，走的是京东自营的商业模式，然而前淘宝CEO孙彤宇告诉黄峥，做平台才有出路之后，才有了社交电商——拼多多。

黄峥也坦言，自己最大的幸运就是在合适的时间，认识了合适的人，他们给了自己最好的建议，对接了合适的资源。

其实，在面临困难、挑战的时候，往往身边朋友提供一个建议、分享一段信息、介绍一位专家就能很大程度上帮助对方解决难题。在能量赋予环节，我们就是要通过赋能对话，不仅"授人以渔"，长久地解决问题，也要在合适的时候"授人以鱼"，立竿见影地解决一些紧急问题（如图2-10所示）。

能量赋予

在赋能对话中，**我们将能量定义为：有助于对方达成目标的技能和资源，包括精神上的能量和各种渠道资源**，如专业人士对接、技能培训、机会推介等。

赋能对话的根本目的是帮助对方解决问题。而在实施行动计划、解决问题的过程中，影响计划执行的有三个关键要素：意愿、能力、资源（如图2-11所示）。

意愿决定了我们是否想要完成某件事情，能力决定了我们是否有能力解决遇到的问题，资源则决定了事情是否可以更好地解决。

三者缺少任意一个，都会对方案的执行产生影响。

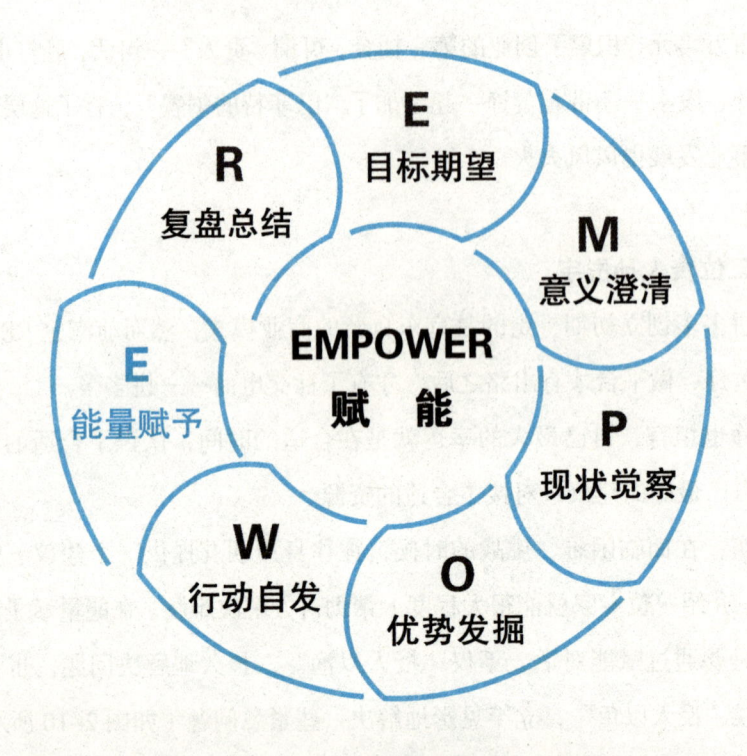

图 2-10　EMPOWER 赋能模型示意图之能量赋予

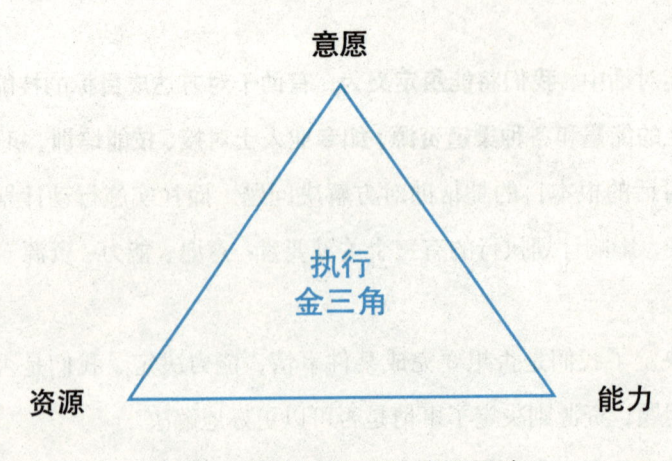

图 2-11　影响计划执行的三个关键要素

赋能对话中的"目标期望"与"意义澄清"环节，主要解决方向和意愿的问题；"优势发掘"与"能量赋予"环节，则主要解决能力与资源的问题。这也是赋能对话为何有效的根本原因——始终关注执行问题。

赋能他人的方式

在实际的对话过程中，能量赋予的方式多种多样，但从有效性以及使用频次来看，以下三种是比较常用的方式。

1. 拓展提问，激发深度思考

提问是目前最主要的赋能方式之一，通过不断提问，帮助对方更加全面地思考问题，进而找到解决问题的方法。提问赋能的实质是帮助对方以不同的视角来看待问题，同时审视自己认为理所当然的假设。有的时候，一句有力的提问，胜过千言万语。在开篇故事中，艾伦·布朗就是通过一句"你是纯粹对这些期望目标感兴趣，还是你决心要达成这些目标"的提问，让约翰·阿萨拉夫开启了能量按钮，通过不懈努力，最终实现了梦想的事业。而乔布斯的提问——手机为什么一定要有键盘——让苹果公司重新定义了手机行业。

硅谷精神教父、《连线》杂志创始主编凯文·凯利在他的著作《必然》中提出12个关键词，其中一个词就是"提问"，他说提问比答案更有力量！

2. 成功经验与信息分享

通过对成功经验、行业信息的分享，让对方从中可以发现借鉴或者运用的地方。经验、信息分享的关键在于让对方掌握更多的信息，有时，对方碰到挑战的原因在于信息获取不足。《奈飞文化手册》中的一句话表达了类似的观点："最好不要臆想自己的员工很笨，而是要考虑另外一种情况，如果员工做了愚蠢的事情，要么是未被告知相关信息，要么是被告知了错误信息。"

3. 人脉、行业资源对接

人脉与行业资源的对接是最直接的赋能方式，这种做法往往能较快地帮助对方解决部分问题，比如求职时，通过对接目标公司的员工了解目标岗位的详细信息，甚至进行内部推荐；比如创业时，介绍创业的注意事项与类似行业的商业模式等。

但需要注意的是，赋能师在进行资源对接时，需要考虑一些敏感性问题，比如资源的匹配程度、机密信息的保护等，避免合规方面的风险。

在能量赋予阶段，可以通过以下问题了解如何更好地进行赋能：

（1）你觉得在实施行动计划过程中，你还需要哪些资源，还能向谁寻求帮助，确保计划成功？

（2）你准备如何获取这些资源？

（3）在行动实施的过程中，可能会碰到哪些障碍？你将如何减少这些阻碍因素？

（4）你本身的这些特质或优势，还可以运用在其他哪些领域？

（5）我曾经遇到过类似的情景，你需要我的分享作为参考吗？

（6）你对行动方案的信心有多大？你如何才能增强实现目标的信心？

（7）我这里有些人力、资金、资源、渠道和工具，你是否需要我的协助？

（8）总结刚才谈到的你所有的资源和优势有哪些？还需要哪些协助？

（9）你会以什么样的方式让我知道你在行动和进展程度？何时让我知道？

赋能对话案例

黄先生的择业之路（能量赋予）

赋能师：你觉得在实施这几个行动计划时，需要获得哪些人或哪些资源方面的支持，能够帮你更好地实现目标？

黄先生：其实我比较想得到妻子的支持，因为这样一来，能够让我觉得自己不是一个人孤军奋战，心理上会有一种安全感，在实现目标的过程中就会有持续的动力。在资源上，我还是想了解一下目前摄影风格的流行趋势，或者说业内有没有特别成功的案例能够让我学习参考。

赋能师：还有吗？

黄先生：应该差不多了。

赋能师：你考虑过自己在体能和精力上的准备吗？创业是一个十分耗费个人精力的事情，为了更好地达成目标，你也可以将这方面的准备工作纳入你的计划中。

黄先生：我确实没有考虑到这方面的事情，听你这么一说，也确实发现自己需要认真思考这方面的问题，比如每周可以跑跑步。

赋能师：你觉得如何才能获得妻子的支持呢？

黄先生：其实我妻子并不反对我有摄影这个兴趣爱好，她担忧的核心在于我现在就要辞职创业，而我们家目前的经济压力比较大。从目前的情况来看，我在短期内还是以提升摄影技巧为主，并不涉及辞职创业，所以这方面不会成为问题。而当我的摄影技巧达到了一定的水准，充分具备了创业的核心要求之后，我相信她也会支持我的。

赋能师：至于在行业案例方面，你以前听说过天真蓝、海马体这两个品牌吗？

黄先生：没有听过。

赋能师：这两个品牌是目前在国内摄影领域发展得很迅猛的连锁摄影工作室，从摄影风格、产品定位来看，都是很符合现代流行趋势的，里面也有一些关于儿童主题的摄影产品，你可以有针对性地研究一下。如果有需要，我可以介绍你认识一些曾经在这两家公司工作过的朋友，也可以让你能更直观地了解这两家公司的特点。

黄先生：真的吗？太好了！

赋能师：嗯。另外，你觉得在实现目标的过程中，可能会遇到哪些挑战？

黄先生：我觉得在之前明确的目标中虽然提到了理论学习，要多读书，阅读书籍，但是在选书方面我还真的不知如何下手。

（在赋能对话过程中，由于沟通交流时主题以及时间的限制，在内容细化上不可能做到全部非常完善。在赋能环节，我们就要将接下来的行动计划中可能出现的问题，一点一点仔细探究，帮助对方建立一个良好的心理预期，避免在实行过程中遇到突发问题之后，直接影响对方的信心与动力。）

赋能师：在专业书籍的选择方面，你考虑过使用专业院校中摄影专业的教材与参考书吗？想要提升理论方面的知识，其实可以参考本科生、研究生等专业的教材丛书，因为这些专业的课程设计都是经过国家教育主管部门审核的，就其理论性和系统性来说还是很完善的。

黄先生：我还真没从这个角度思考过，我原本以为会是听听专业人士的建议，或者是看看网上的畅销书，你这个建议让我觉得真是独辟蹊径啊。

赋能师：另外，你了解摄影圈子中比较好的一些摄影比赛吗？参加一些摄影比赛，以赛促学，这对提升摄影技术也很有帮助。

黄先生：我还真没有关注过，这确实也是一个很好的方法，如果能够得个奖，那就太好了。

赋能师：是的，其实只要多听多看，你就可以发现很多能够提升自己摄影技术的机会，并不要单纯地局限在原定的目标中，行动计划完全可以随着你个人的情况进行阶段性修正。

黄先生：好的好的，真是太感谢你了，顿时觉得自己的思路一下子又打开了很多！

能量赋予的过程，也是一个帮助对方明确行动计划细节、优化行动方案、拓宽行动思路的过程。赋能师在这一环节，既可以通过提问，促进对方思考之前没有考虑周全的方面，还可以通过分享信息、提供建议、对接资源等形式，帮助对方更好地实现目标。

截至本章，我们已经介绍了赋能对话中的六步了，分别是"目标期望、意义澄清、现状觉察、优势发掘、明确方案、能量赋予"，这些是赋能对话的主体环节，而最后的第七步"复盘总结"，则是对赋能对话的进一步升华，真正实现能力提升。

07

复盘总结（R）

晚清"半圣"的自我修养

曾国藩是近代备受赞誉的人物之一，但近代著名人物何其多，为何曾国藩获此殊荣？除了他强大的意志力和识人用人的能力外，一个重要的原因就是曾国藩事后复盘的习惯和能力。

咸丰七年（1857年），曾国藩父亲去世，当时曾国藩在江西官场并不如意，不仅与当地同僚交恶，皇帝也对他有所猜忌，一时气愤之下，上书一份丁忧折，不等皇帝批复就返回老家，这一越矩的行为，让官场一阵哗然。

在老家丁忧期间，曾国藩一直在反思自己过去的行为，为何自己一身正气、忠心耿耿却换来如此结果。经过对自己过去几年经历的多次复盘，曾国藩的疑问得到了解答，对重回官场后的道路也更加清晰。

其一是在过去为官行事中，自己往往会采取直接、强硬的方式达到目标，虽然表面看上去一切无碍，但实际上却大大影响了同僚关系，为接下来的官场交际埋下了许多隐患。但细细想来，迂回的、温和的方式也可以达到当初的目的，而且也不伤害彼此关系，何乐而不为呢？

其二是自己为官多年，但在保荐官员上太过小心谨慎，导致很多跟随自己多年的人都没有获得一官半职。没有官职的提升，下属当然不会效力，这也是战事不顺的原因之一。

重回官场之后，曾国藩仿佛变了一个人：一方面，他遍访同僚，即使下至知县，他也亲自造访，礼遇有加。作为手握重兵的湘勇统帅，曾国藩这种不计前嫌、谦恭有礼的行动，彻底收服了长沙官场的人心，为自己打造了一个稳固的后方；另一方面，对部下论功行赏，毫不含糊，举贤不避亲，让手下官员斗志满满。

自此之后，曾国藩官运亨通、人脉顺达，慢慢成为后世人们口中的"立德立功立言三不朽，为师为将为相一完人"。复盘思维对曾国藩的成功发挥了关键作用。

复盘总结

复盘，最早是围棋中使用的术语，专门指对弈结束后，重复一遍该盘棋过程中的每一手，进而有效地提升对棋局的印象，分析局中技巧的优劣与得失，是棋手提高自己对弈水平的重要方法。

在赋能对话中，我们将复盘定义为：总结提炼赋能对话过程中目标的完成情况、对方的成长等要素，帮助对方获得信心、稳固学习成果、坚定行动的过程（如图2-12所示）。

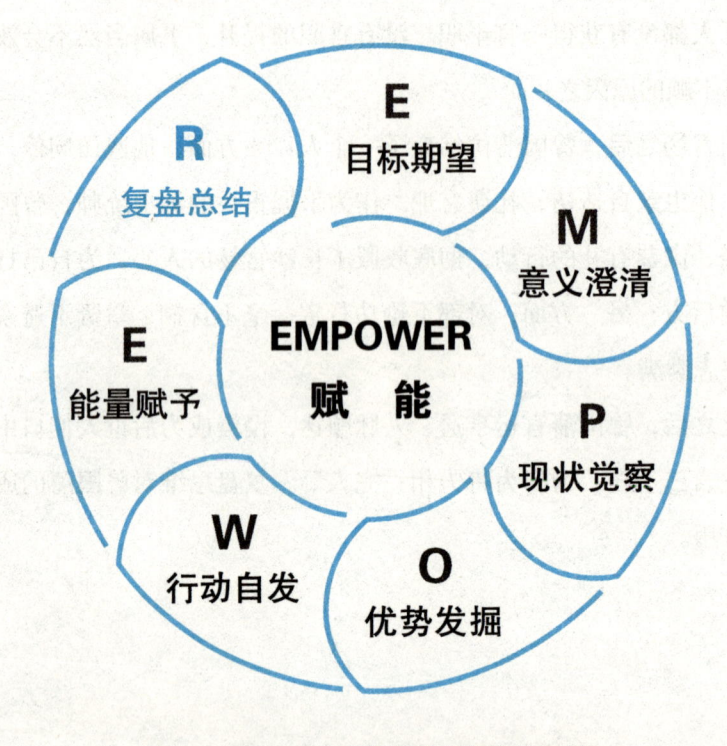

图 2-12 EMPOWER 赋能模型示意图之复盘总结

复盘的流程与工具

在复盘过程中，我们通常会遵循以下几个步骤：

1. 目标回顾

在目标回顾阶段，赋能师不仅需要帮助对方审视目标达成情况——是达成目标、超出目标，还是未能达成目标，更需要回顾目标制定过程中的状况，这样一来，能够从最根本的要点出发，更全面深入地为复盘奠定基础。

目标回顾问题清单：

（1）现在目标的达成情况如何？

（2）你还记得最初设定的目标吗？

（3）设定目标的依据是什么？

（4）对于这样的结果，你的感受是什么？

（5）如果你发现行动计划的进度和结果与你的预期差距很大，你会怎么做？

2. 过程陈述

过程陈述的目的是展现整个过程的前因后果，明确所有的细节与内容。尤其是在应对过程中的思考，这一点往往是最容易被忽视的。比如在职业决策中，"在大型外资企业的财务经理与中型民营企业的财务总监两个岗位中，我选择了财务经理这个岗位"，这仅仅是一个过程描述，其中的关键则是最初做出这个决策时你思考的内容，而这一做法被称为"Think Loudly"（大声想出来）。

过程陈述问题清单：

（1）在整个过程中，你内心的感受如何？

（2）是不是完全按照计划执行的？为什么没有按照计划执行？

（3）当时这样处理，是怎么考虑的？

（4）在执行过程中，有没有出现当时没预料到的情形？当时是怎么处理的？

（5）在执行过程中，有没有当时预想到但实际没有出现的情形？

3. 剖析反思

剖析反思的目的是帮助对方了解在该事件中，有哪些地方可以做得更好，也是让对方能够冷静下来重新梳理思路，反思自我。

剖析反思问题清单：

（1）我们对行动方案相关信息的理解是正确的吗？

（2）在这一过程中，我们做对了什么，做错了什么？

（3）我们还可以采取何种新方法？

（4）如果回到行动的开始，你会做出哪些改变？

（5）如果你是旁观者，你会对自己有哪些建议？

4. 规律总结

总结规律是复盘的核心，复盘中的所有努力都是为了让对方得出一些有效的、实用的规律，指导今后的行为，进一步提升能力。但是要注意规律与实际情境的适配性，不可盲目使用。

规律总结问题清单：

（1）你觉得在这个过程中，最大的收获是什么？

（2）决定这次行动成败的关键要素有哪些？

（3）在本次工作中，有哪些方法策略可以应用到其他场景中？

（4）在本次工作中，你运用了哪些在其他工作中总结出的规律？如果有，你觉得两次工作间的相同点是什么？如果没有，两次工作间的区别是什么？

（5）如果再次遇到类似的工作，你会如何分析并开展工作？

赋能对话案例

赋能对话

黄先生的择业之路（复盘总结）

赋能师：黄先生，这是我们赋能对话中的最后一个部分。你还记得自己设定的目标吗？

黄先生：如何利用接下来一年的时间，做好自己创办运营摄影工作室的准备——清楚地了解开办摄影工作室中每一步应该做的事情以及所需的资源、可能面临的风险；同时，明确在一过程中自己还需要提升哪些能力，以及如何提升这些能力。

赋能师：你觉得现在目标的达成情况如何？

黄先生：我觉得我的创业准备度确实提高了，心里面也没有原先那种七上八下、想创业又犹犹豫豫的感觉了，整个人轻松了很多。对于创业的预期也理性了不少，之前每天想的就是要不要辞职创业，而现在心里想的是如何提高自己的创业准备度，如何提升自己的能力优势，也踏实了很多。

赋能师：在整个过程中，你内心的感受是怎样的？

黄先生：我觉得一开始是目标迷茫、内心纠结，还有一点儿无力感，然后在目标的细化明确之后，迷茫的感觉消失了，但是却有点儿想打退堂鼓，因为发现自己确实有很多东西没有考虑到，仅仅是凭着一个想法就想创业，有点儿自不量力。但想到之前我在深圳的借调经历、错过风投公司Offer的后悔、职业兴趣与个人优势的测评结果以及外部的资源分析，让我又产生了动力。在经过与几位同行的交流之后，曾经的困难一个一个地被我克服，让我越做越有信心，而并非盲目地去创业。

赋能师：听起来这确实是一个充满挑战的过程，如果你发现行动计划的进度和结果与你的预期差距很大，你会怎么做？

黄先生：我会仔细分析进度拖延的原因，是因为我的能力不足、意愿不强，还是资源缺乏造成的，然后再有针对性地解决这些问题。更关键的是，我会控制好自己的情绪，因为我曾经也独自解决过这种很有挑战性的问题，我是可以做到的。

赋能师：你觉得在这个过程中，最大的收获是什么？

黄先生：我觉得最大的收获是以后再次遇到这种让我犹犹豫豫下不定决心的情况时，我知道如何去面对，不要被太多的细节纠缠，而是要——明确核心目标，思考达成目标的行动，抓住行动的核心要点。

复盘总结其实是一个帮助对方形成新的解决问题思路的过程，通过让对方了解自己在赋能对话过程中所感受到的自身成长与提高，提升其克服困难的信心与方法，最终达到赋能对话的目标——解决问题，赋能于人。

黄先生的案例仅仅是众多职场人士中的一个缩影，从他一开始的困惑无助，到后来的信心满满，这不仅仅是一个问题解决的过程，更是一个能力提升的过程。在这一过程中，提升的不仅仅是知识、技能，更重要的是通过赋能对话，使对方在心智上有所进步（如图2-13所示）。

美国有句谚语叫"如果你只有一把锤子，你会把一切都看成钉子"。每一位职场人士在不同的职业阶段都会遇到各种各样的问题，如果仅仅从知识、

技术的角度来看待这些问题,那么可能只会让对方想着"如何更好地挥舞锤子"。而赋能对话以心智成长为基础,将"锤子"变成"起子""电钻",从根本上来解决问题。

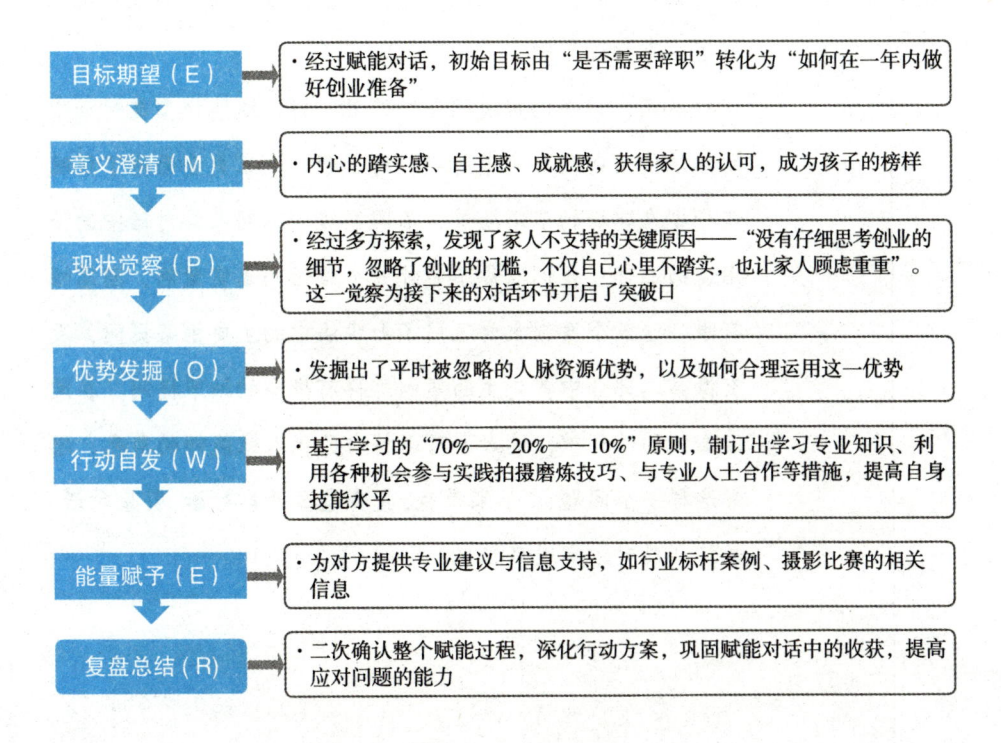

目标期望(E)	·经过赋能对话,初始目标由"是否需要辞职"转化为"如何在一年内做好创业准备"
意义澄清(M)	·内心的踏实感、自主感、成就感,获得家人的认可,成为孩子的榜样
现状觉察(P)	·经过多方探索,发现了家人不支持的关键原因——"没有仔细思考创业的细节,忽略了创业的门槛,不仅自己心里不踏实,也让家人顾虑重重"。这一觉察为接下来的对话环节开启了突破口
优势发掘(O)	·发掘出了平时被忽略的人脉资源优势,以及如何合理运用这一优势
行动自发(W)	·基于学习的"70%——20%——10%"原则,制订出学习专业知识、利用各种机会参与实践拍摄磨炼技巧、与专业人士合作等措施,提高自身技能水平
能量赋予(E)	·为对方提供专业建议与信息支持,如行业标杆案例、摄影比赛的相关信息
复盘总结(R)	·二次确认整个赋能过程,深化行动方案,巩固赋能对话中的收获,提高应对问题的能力

图 2-13 "黄先生的择业之路"赋能对话复盘图

本篇总结

SUMMARY OF THIS CHAPTER

在第二部分方法篇，我们对赋能模型七步法中的每个要素的重要性、定义以及使用过程中的工具或者注意事项做了详细说明，并结合完整的"黄先生的择业之路"案例进行详细的讲解。相信大家对赋能模型七步法在对话中的使用已经有了一个初步了解。

然而，与任何解决问题的工具一样，赋能模型在对话中的熟练使用也需要大量练习，为了帮助大家更全面地了解赋能模型在职场的不同场景、不同层级、不同人群对话中的使用，第三部分我们准备了另外五个鲜活的真实案例，因篇幅有限，这五个案例主要运用了七步法中的主要框架提问，没有像第二部分中黄先生的案例那样有很多的细节提问。在阅读案例的过程中，读者也可以将自己代入赋能师的角色，思考这样一个问题："如果是我，我会怎么开启对话、引导对话，最终帮助对方实现目标呢？"

实践篇
赋能对话实践案例

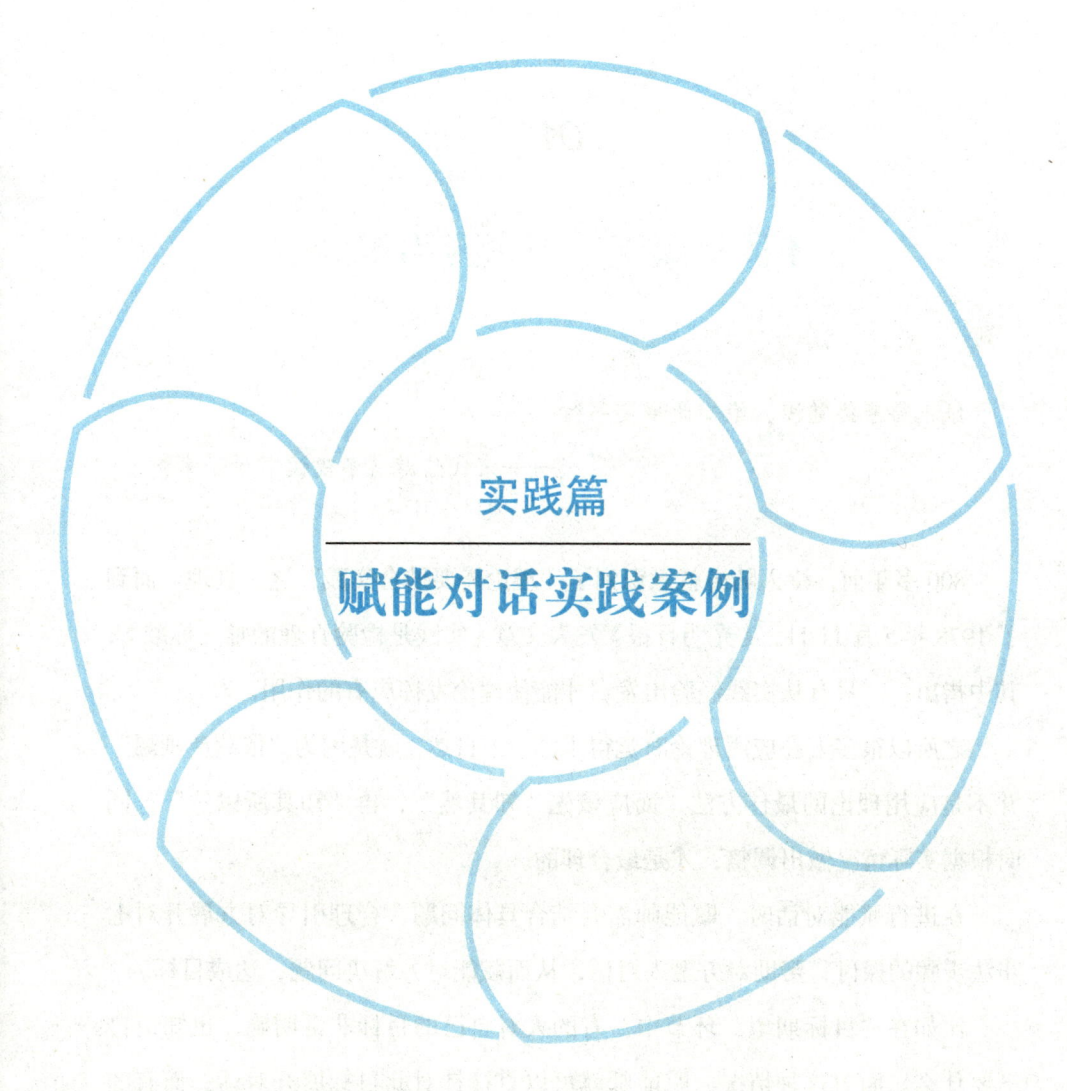

01

不同场景下的五个应用案例

纸上得来终觉浅，绝知此事要躬行。

——宋代陆游《冬夜读书示子聿》

800多年前，诗人陆游就意识到了"理论需要结合实践"这一真理。而到了1978年5月11日，《光明日报》发表文章《实践是检验真理的唯一标准》，其中指出："只有从实践经验出发，才能使理论发挥应有的作用。"

之所以很多人在应用理论时觉得生涩、不自然，就是因为"依葫芦画瓢"并不是应用理论的最佳方法，而应该先"知其然"，再"知其所以然"，同时根据实际情况做出调整，才是最合理的。

在进行赋能对话时，赋能师需要结合具体问题，合理引导对方展开对七步法步骤的探讨，帮助对方融入对话，从而赋能对方解决问题，达成目标。

比如在"目标期望"环节中，有的人对自己的目标非常明确，也知道自己要什么。面对这种情况，赋能师就可以直接针对此目标展开对话；而有的人可能并不清楚自己具体要什么，或者提出的目标只是表面的，这时候赋能师的重点就是要帮助对方深入分析，抽丝剥茧，赋能对方找到真正的、本质的靶心目标。本书第二部分第一章目标期望中有关Alex的案例对话，他最初将"解决自己心情烦躁"作为对话的目标，而在进行了赋能对话后，将真正的目标确定为"明确有意义事情的衡量标准"。由此可见，赋能师有时需要灵活使用多种策略，才能让赋能对话产生应有的效果。

又如在"能量赋予"环节，当对方囿于阅历或意识的限制，无法推动赋能对话进行时，赋能师需要站在第三方的角度，合理地将自己的经验、资源、信息分享给对方，在启发的同时，也提供借鉴方法。而当对方经验、阅历丰富，只是被固有的思维假设限制时，赋能师则需要重点帮助对方认识到自己的思维局限，突破对方的自我设限，尽可能避免直接分享经验、信息，因为这种做法可能不会被对方从内心接受。

为了更好地帮助读者了解赋能对话在不同场景下的应用，在前两部分详细介绍了赋能模型的结构、特点和具体要素之后，第三部分将会通过五个鲜活的真实案例，让读者更好地理解、应用赋能模型七步法，解决实际面临的问题。为了兼顾篇幅的限制以及案例的完整性，第三部分的案例编撰将提问做了精简，但都保留了七步法的每个要素。

"一千个读者有一千个哈姆雷特"，解析案例的目的是帮助读者更好地理解笔者在案例中使用赋能对话帮助对方解决问题的过程，进一步掌握赋能对话7步法的提问技巧。所谓"运用之道，存乎一心"，这就需要读者在实际使用中多多应用，总结实践经验。

案例一：专业不对口、就业无方向

1. 案例背景

小李同学是上海某大学本科二年级学生，建筑设计专业，家中独子，父母均是上市公司高管。由于父母工作调动，小李同学在小学、初中、高中也跟随父母在四个不同的城市完成了自己的学业。由于频繁的转学，使小李的性格偏内向，所以在学校里也没有特别聊得来的朋友，再加上父母工作繁忙，其大部分业余时间都是自己一个人，或者和外婆、保姆等一起生活。他主要的活动就是打游戏、上网、看动漫，在这样的生活环境下，小李对网络游戏、动漫等相关产业产生了浓厚的兴趣。可是，对其寄予厚望的父母却视这些为"不务正业"，并不支持。

高考时，小李发挥失常，通过专业调剂选择了建筑设计专业，然而这并不是小李想要的结果。由于自己不喜欢这个专业，加上高考失利等不安情绪影响，致使小李在大学期间并不太顺利，第一学期就挂科三门。在与辅导员多次谈话之后，小李表达了自己对专业的真实想法，希望可以转专业，可是根据学校要求，只有专业成绩排名前 10% 的人才能申请转专业调剂，而小李的成绩显然达不到条件，辅导员在劝导无效的情况下，联系了小李同学的父亲。

小李的父亲接到辅导员的电话后感到十分震惊，因为在他的心目中，小李一直以来都是安静、听话、懂事的孩子，高中阶段他的学习成绩虽不拔尖，但在班级的名次还是比较靠前的，而现在他很难接受小李在大学的第一学期竟然有三门课程挂科的现实，一时之间自己也不知道怎么办。为赶快找到解决方法，小李的父母向周围的家长取经，综合考虑后，出国留学便成为摆在他们面前的一个不错选择，这样既能解决专业选择问题，又能让孩子出国去开阔眼界。小李欣然接受了这个建议，在接下来的时间里，小李便全力备考托福，甚至常常逃掉他不喜欢的专业课，将挤出来的时间用来考托福。

然而，事与愿违，小李的托福考试成绩只有 70 多分，而申请的国外大学托福成绩都要在 95 分以上，同时，由于一些专业课的上课出勤率不足，第二学期小李有四门课程无法参加考试，需要重修。这对小李和他父母来说简直是"屋漏偏逢连夜雨"，如果想要申请到国外理想的学校，小李大一的成绩也是非常重要的材料，现在小李的大学成绩是完全不符合申请要求的，这让事情又一次陷入了僵局中。

小李本人也十分痛苦，他不喜欢目前所修的专业，所以更谈不上有学习上的动力；其内心想学习自己感兴趣的动漫、游戏行业的相关专业，却无法选择。现在小李的父母则十分担心孩子的未来，他们并不指望孩子有多么成功，但至少要顺利地完成大学学业，步入社会后，能够有平凡人的生活基础，并组建和维持自己的家庭。

现在，面对已经到来的大学第三个学期，还有七门课程需要重修，小李陷入了深深的痛苦和迷茫之中，而家长也是一头雾水，对着孩子不敢抱怨但又找不到适合的方法，这时候他们该如何解决当前的困局呢？

2. 案例思考

从以上背景信息来看，小李的主要表现是对所学专业没有兴趣，以及对专业未来就业方向感到迷茫，同时为不能从事自己感兴趣的职业而感到痛苦，进而表现出迫切逃离现状的行为，比如希望转到自己心仪的专业、为留学计划积极准备，甚至逃课备考托福。

从职业发展的角度来看，小李其实面临的是一个由职业发展方向选择而衍生出的一系列挑战。

小李在童年时期缺乏稳定的伙伴关系（辗转多个城市求学），业余活动较少（以玩电子游戏、看动漫为主），家人陪伴不足，导致对自身能力特点的发掘、对外界社会的探索很少，因而不足以让自己的家人充分了解他的能力、性格和兴趣（从父亲的描述中，孩子数学好、性格内向、时间管理能力较差，而在实际沟通中发现，父亲的评价只是自己单方面的认知）。

在老师和小李以及他的父母充分沟通之后，达成了一致的行动方案，面对现状应持有的策略是：定期交流，密切关注，以监督管控的形式，尽力帮助小李解决困难，他们的设想是，只要肯努力，完成大学期间课程的学习任务并不困难。

而小李主要面对的却是自己内心的痛苦，面对自己不喜欢的专业，但迫于实际的压力却又不得不学，十分纠结。正是这样的矛盾冲突导致了小李后来的考试不及格、缺勤乃至缺考情况的发生。也正是这种双方在方法与关注点以及对问题原因假设上的错位，导致情况不断恶化。

基于以上对小李问题溯源的分析，在与小李的赋能对话中，赋能师重点关注了以下两个要点：

一是赋能师的身份定位。小李的性格较为内向敏感，在现阶段需要一个具有经验的、友好而中立的角色引导其探索职业方向，避免小李产生抗拒感。

二是沟通重点。正如之前所说，针对职业选择问题，面谈沟通的重点是帮助其了解自身能力、性格、兴趣、价值观，以及未来职业的工作环境、工作技能、工作任务等方面要求，探索合适的职业或奋斗目标，制定合理的解决问题的策略。

在解决策略的设计上，主要有三个维度：能力、意愿与支持系统的问题解决三角（Problem Solving Triangle）。

能力：如何提升对方解决问题的能力。

意愿：如何加强对方解决问题的意愿。

支持系统：如何帮助对方建立并运用解决问题的支持系统（物质资源、时间资源、人脉资源），辅助其解决问题。

3. 赋能对话实践应用

赋能对话

第一步　目标期望（E）

赋能师：小李同学，你最近状况如何？

小李：我最近的期末考试没有去考，我也并不是不想参加考试，而是我知道即便参加了也肯定考不过，所以还不如不去。再说我之前的计划是出国留学，觉得现在这些课程以后都用不到了，所以缺课比较多，学习进度也跟不上。不巧的是，针对我这种已经读大一的学生，申请国外的学校需要提供已修课程的成绩单，按目前的情况肯定是无法申请成功的，所以只能将现在这个专业学好，而我又不喜欢建筑设计这个专业，心里很烦。

赋能师：听了你的介绍，我能感觉到你心里挺烦。你希望通过我们的对话，达到一个什么样的目标呢？

小李：我觉得目前最大的问题是，我感兴趣的专业方向，父母不支持，而他们想让我做的，我自己又不喜欢。如果能找到一个方法，能够让父母支持我选择感兴趣的专业和就业方向，就最好了。所以我的目标是，如何解决专业不对口、就业无方向的问题。

第二步　意义澄清（M）

赋能师：如果能够让父母支持你选择感兴趣的专业和就业方向，对你来说意味着什么呢？如果没有获得他们的支持，对你来说，又会造成什么样的影响呢？

小李： 我对建筑设计这个专业真的是一点儿都提不起兴趣。当初高考填写志愿时，是父母给我选择的这个专业，他们说因为我数学好，所以选择一个数学比较重要的学科会好一些。可上了大学后，我发现自己并不喜欢这个专业，而且在学习上也有困难，使我现在学得很艰难也很痛苦。如果可以得到父母的支持，支持我学习动漫相关专业，我觉得自己会愿意和他们交流，我们的关系也会融洽点儿。另外，如果未来就业是我喜欢的工作，就更能充分体现我的个人价值。如果做不到，我觉得现在的状态会一直持续下去，始终处于焦虑、痛苦、厌学的状态，按目前这个状态发展下去，很可能会被学校劝退吧。

第三步　现状觉察（P）

赋能师： 刚才你提到了父母对你学习动漫专业的这个想法不支持，具体发生了什么？

小李： 我喜欢动漫和游戏，因为在看动漫、玩游戏的过程中，我可以沉浸在一个充满想象力的世界中，通过不断完成游戏任务而达到游戏成就的时候，我会觉得特别开心。

在日常和父母的交流中，一旦我和他们提到动漫、游戏相关话题的时候，他们都会觉得我不务正业，是在玩物丧志，所以都会打断我，然后说要努力学好专业课程之类的话，听起来特别烦人，他们从来就没有考虑到我的个人爱好与兴趣。

而且我特别不喜欢那些重复劳动。高考后，我曾在我爸工作的公司实习过，每天就是不停地复印文件，整理档案，感觉工作单调、无聊，所以去了几次我就不去了。爸妈根本听不进我的想法，只是一直在说我根本不知道工作怎么干之类的话。我在招聘网站上看到有动漫设计公司招聘实习生，可是都需要有专业知识背景，而我根本没有机会。

（小李同学在高中分科、大学选专业上，完全是听从了父母的安排，自己并没有做出决定。但他的努力意愿还是比较强烈的，同时自尊心也很强，因此不会主动向周围的人表达自己"需要帮助"的想法，而他又缺乏独自处理这些问题的能力，在恶性循环之下，导致出现了现在的状况。）

赋能师：你觉得怎样做才能赢得父母对你的支持？

小李：他们最关注的就是我现在考试的问题，只要将一些课程重修完成，问题就完成了一大半；还有一个就是，我觉得要和他们好好谈谈我具体想做什么，而不是简单说想从事游戏、动漫行业的工作，让他们知道我的想法是经过认真思考的，而不是随便说说。

赋能师：有关你想从事游戏、动漫行业的工作事宜，你是如何和父母沟通的？

小李：之前和父母沟通时，他们觉得我只是单纯喜欢打游戏，认为我对这个想法并没有深思熟虑过，是不切实际的。另外，现在学习才是我的主业，他们觉得连主业都没做好，以后的发展也不一定好，我觉得他们对我的个人能力失去了信心。

而且，我现在是建筑设计专业，大一第一学期我去学校招聘会参观过，和我专业对口的一般是建筑公司、设计院等，这和我喜欢的游戏、动漫完全不相关，我想转专业，但是学校规定必须得是专业成绩排名前10%的学生才行。现在这种情况，我自己也有点儿迷茫和心烦，再加上父母不支持，我也不清楚自己该如何去做。

第四步 优势发掘（O）

赋能师：从你以往的经历来看，你认为自己做过的最有成就感的事情是什么？

小李：我觉得最有成就感的事情就是在高中一次暑期活动中，我利用自己的业余时间，用电脑设计了一个简单的小游戏。能够在高中学业压力比较大的情况下，完成这个项目，最核心的一点应该是我对自己兴趣的坚持，而且当时心态很平和，对成功与否我并不是很关注，但我知道自己在这个过程中很开心。所以，兴趣是最好的老师，只有做自己感兴趣的事情，才会坚持，才会不断琢磨。

赋能师：你的这次经历，对你解决现在的问题有什么帮助吗？

小李：我觉得很有帮助，正是因为不喜欢现在的专业，所以我就缺乏动力，也就没有坚持下去的意志。如果是我喜欢的专业，我肯定会用心去做好，遇到困难也会自己想办法解决。坚持，不断琢磨，直到实现目标。

（赋能对话中在总结优势时，并不是优势越多越好，而是与目标行动越匹配越好。）

第五步 行动自发（W）

赋能师：我们再来谈谈你未来就业这个问题，你觉得现在自己可以做些什么呢？

（就业问题其实是影响其学业问题的关键，只有将就业方向和小李的兴趣两个问题的关系、地位轻重梳理清楚，他的学业问题也就迎刃而解了。）

小李：我总结了一些招聘网站上的信息，发现动漫、游戏行业招聘应届毕业生的方向主要有六个——运营、策划、程序、美术、视觉、项目管理。其中运营、策划以及项目管理对计算机水平要求不高，也没有特别的专业限制，而程序、美术、视觉则需要较强的计算机水平和美术设计能力。

从内容上讲，我对游戏策划岗位比较感兴趣。经过系统了解之后，我发现游戏策划包括很多类型——世界观策划、关卡策划、游戏角色策划、数值策划等，这些我还真挺感兴趣的，我有时候也会想着自己设计一些游戏，策划这个岗位还真挺适合我。

在招聘要求方面，基本是大同小异，比如能够承受压力、乐于团队合作、有良好的沟通能力等，相对比较宽泛，不过对于专业的限制居然不是很大。

（在对话中发现，小李虽然很积极地搜索和动漫岗位相关的招聘信息，然而他所采用的方法却基本就是网络搜索，而网络上的信息有时候并不详尽，比如不同公司真实的工作情况、公司内部的氛围、公司偏好的毕业生类型等，这些信息往往不会在网上展现，而对从业者而言，这些可能是"行业常识"。）

第六步　能量赋予（E）

赋能师： 针对你感兴趣的行业，你尝试了解过哪些行业信息？

小李： 对于行业信息，我还真没有具体了解过，我只是看了一些相关的招聘广告。因为我觉得专业是就业过程中最关键的因素，所以一直关注的是怎么解决我的专业不对口问题。

赋能师： 你与周围从事游戏策划岗位的人如何进行交流？

小李： 我周围没有认识的人从事动漫或游戏行业，所以我还真没想过这个问题,也不知道该如何进行交流。

（在小李过去的经历中,总是倾向于依靠自己解决问题,这种倾向会让他下意识地忽略向周围人求助。一旦突破这个思维障碍,那么问题有时会峰回路转。）

赋能师：也许你的家人和老师都十分愿意帮你,但是却不知道用什么方式帮你才能让你接受。如果是你直接主动地和他们联系,他们反而会觉得你是真心想要做出改变。同时,这也说明你是为了未来的职业选择更好地做好准备,而并不是三分钟热度,这样他们就会更放心。

小李：嗯,听起来很有道理,那我接下来会努力尝试和他们沟通。

（通过耐心的沟通,小李慢慢接受了向家人求助这一方式,并且明确了和职业生涯人物访谈的提纲内容。

1.游戏策划岗位每天的工作内容是什么？最困难的地方是什么？

2.游戏策划最需要哪些方面的能力？

3.游戏策划这个岗位,最让你开心的地方在哪里？最让你感到沮丧的地方是什么？

4.你当时是怎么走上游戏策划这个岗位的？对于我这样的在校生,你有什么建议？）

赋能师：我们换一个角度来思考,如果让你对自己来做一个评价,你认为造成目前这个局面的最主要原因是什么？

小李：我觉得可能是自己考虑问题不周全,然后就是处理方式有点儿极端,所以才会导致现在的问题。当我知道可以通过出国留学,脱离我现在这个专业的时候,非常开心,所以第一想法就是一定要把出国必备的托福考下来。我们大一时课程比较多,作业压力也比较大，本来我就对现在的专业不喜欢，再加上家人又和我说可以出国留学，所以我对所学专业的事情就更不在意了。我主要想着专心准备出国的托福考试，因此缺勤了很多课程，作业也没交。大学考试的平时分占比还是比较高的，如果无故缺勤三次以上，就没有参加考试的资格，按我目前的情况，这些课程都要达到90分以上才有可能通过，所以我就没去考试，我想选择重修的通过可能性更大一些。如果我早知道出国留学需要看大一的成绩，也就不会这么极端了。现在说这些也为时已晚，只能想怎么去补救了。

赋能师：你想听一下我的建议吗？

小李：嗯，非常想听你的建议。

在赋能对话中，可以给对方提供建议和方案，并不仅仅是提问和引导。因为有时候，由于对方的生活和工作经验、能力所限，他们更需要第三者的帮助，帮他们了解在同样情境之下的更多的处理方案。所以在问完这个问题后，赋能师向小李列举了一些虽然专业不对口的职场人士的成功案例，向他介绍了其实专业仅仅是影响未来职业选择的一个因素，专业知识、实习经历、项目成果以及人脉关系都会对就业有着不小的影响。同时赋能师建议小李搜集一些关于动漫、游戏公司的岗位工作内容与要求，比如利用周末的业余时间，通过网站、论坛或者校友会等渠道搜索动漫游戏行业的应届生招聘信息，并且对这些招聘信息中对岗位的技能要求和工作内容进行汇总，清楚自己如果将来就职于动漫、游戏企业时，知道岗位对工作的要求，以及自己需要去提高哪些专业技能。另外，赋能师还建议他在网上做一次霍兰德职业性向测试，清楚自己的性格和就业的匹配度，也为接下来的赋能对话进一步讨论做好铺垫。

赋能师：我们再回到学业这个话题，你觉得自己可以实施哪些行动来改善现状呢？

小李：刚才我们讨论的"职业生涯人物访谈"内容，特别是那个访谈提纲，让我很有启发，我觉得我可以做一个"学习人物生涯访谈"，向我的辅导员还有一些学长求助，听听他们给我的建议。

第七步　复盘总结（R）

赋能师：现在我们来回顾一下，对于这次谈话你有什么收获？

小李：非常感谢你能和我谈话，现在我感觉自己眼前一亮，思路清晰了很多，也觉得很有信心能达成目标。我希望学习并能够从事我热爱的游戏动漫相关工作。通过自我剖析以及与他人的访谈提纲，我会制订出详细的学业计划以及实习规划，然后通过邮件发给你并定期向你汇报进展情况。我瞬间觉得压在胸口的一块大石头被移开了，呼吸都轻松了。

这次沟通对话结束后（如图3-1所示），小李分别进行了"职业生涯人物访谈"和"学习生涯人物访谈"。小李通过父亲的介绍，与几位从事游戏策划工作的前辈做了沟通，他发现游戏策划这个岗位，其实对于专业背景的要求没那么严格，更看重的是个人对游戏的敏感度、创意水平以及是否能够快速更新知识体系，因为游戏行业的竞争也十分残酷，而新颖的游戏策划是做好游戏的基础。同样，能够适应游戏行业的工作节奏也十分重要，灵感来了，很可能会通宵达旦。如果能够在学习之余去相关公司积累实习经验，那就更是加分项了。

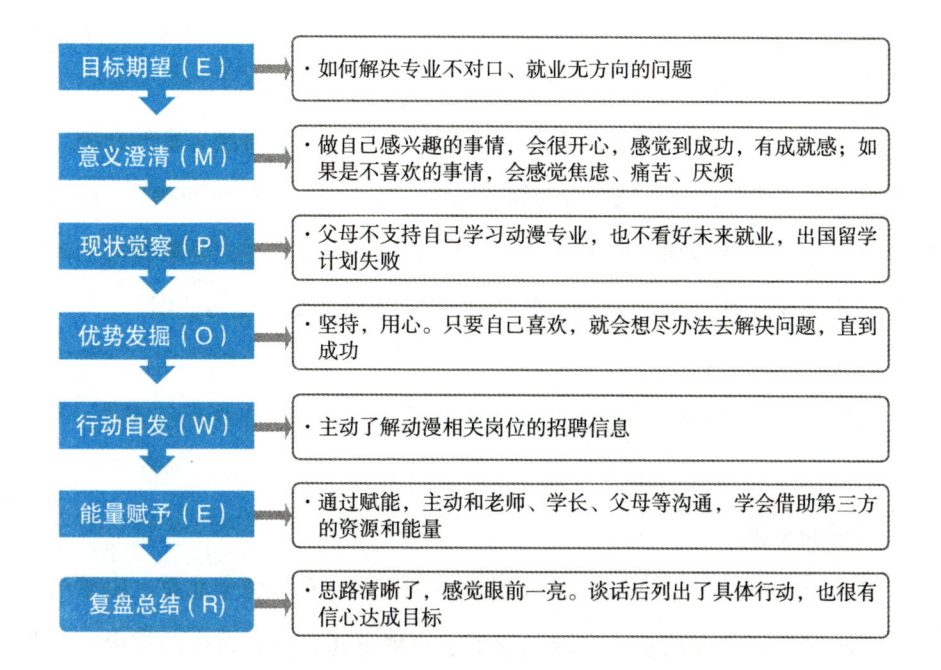

目标期望（E）	・如何解决专业不对口、就业无方向的问题
意义澄清（M）	・做自己感兴趣的事情，会很开心，感觉到成功，有成就感；如果是不喜欢的事情，会感觉焦虑、痛苦、厌烦
现状觉察（P）	・父母不支持自己学习动漫专业，也不看好未来就业，出国留学计划失败
优势发掘（O）	・坚持、用心。只要自己喜欢，就会想尽办法去解决问题，直到成功
行动自发（W）	・主动了解动漫相关岗位的招聘信息
能量赋予（E）	・通过赋能，主动和老师、学长、父母等沟通，学会借助第三方的资源和能量
复盘总结（R）	・思路清晰了，感觉眼前一亮。谈话后列出了具体行动，也很有信心达成目标

图 3-1　赋能对话 7 步法导图（案例人：小李）

对比下来，小李发现自己想法和现实的差距主要有三个方面：

第一，缺乏游戏策划的实习经验；

第二，工作节奏可能难以适应；

第三，目前挂科比较多，会影响平均学分绩点，甚至没法按时毕业。

相对而言，第三方面的差距是问题的核心，也是目前迫切需要解决的问题，于是小李自然而然地将精力重点放在了学业上，开始了"学习生涯人物访谈"。

小李与学长沟通之后，决定将重修分到两个学年，这样每学期只要多修 1~2 门课程即可。由于大三、大四开始以实习为主，因此课程量并不会很大，这个学科重修计划比较合理。

小李向学习委员借了笔记以及过去两年的真题考卷，在接下来的时间里积极备考，小李还将他的重修备考计划发给了赋能师，并诚恳地希望赋能师能给出建议。

在实习方面，小李同学也有自己的想法，希望能够通过父亲的介绍，进一些游戏公司实习，即使与游戏策划关联度不大，但也可以慢慢熟悉。同时，他计划买一些游戏策划方面的书籍、网络课程等学习材料，争取在大三时找到对口的游戏策划实习岗位，积累实践经验，争取能留在实习公司。

案例二　技术转型团队管理者面临的挑战

1. 案例背景

某外资医疗器械公司在2002年进入中国市场，总部位于北京，由于产品市场定位精准，加上那几年中国医疗事业发展迅速，该公司在两年内，业务快速拓展，并且全国的员工总数由原来的20多人发展到200多人。

武汉地区的业务量这两年发展很快，公司于2004年底在武汉设立办事处，并组建了团队，主要由市场销售部和售后服务部两个部门组成，员工人数为10人。2006年武汉团队人数发展到18人，公司决定撤销武汉办事处，成立分公司。考虑到日常管理事务和客户接待等事宜，于是计划内部选拔一名分公司经理。整体考量后，两位候选人摆在了公司面前。

张峰是一名"80后"，是市场销售部的一名员工，工作时间五年，是武汉办事处的"元老"。张峰为人性格开朗，执行力强，工作业绩表现也很优秀，在经销商和客户中也有很好的口碑。他热爱篮球和羽毛球，组建了周末运动俱乐部，还邀请同事的家属们积极参与，这个活动组织得有声有色。

李伟是一名"70后"，是售后服务部的一名员工，参加工作10多年，是公司售后部的"元老"，在公司成立之初就在武汉地区负责售后服务工作至今，工作踏实，技术过硬，也曾担任过多个项目的现场技术专家。经销商和客户多次赞扬他的技术和服务，满意度很高。

公司综合考虑后认为，新的分公司刚成立，有很多重要的事情需要处理，希望候选人客户关系好，社会经验丰富，办事稳重，对公司忠诚度高，权衡之下决定任命李伟担任武汉分公司的经理。

张峰听到这个消息后，有些不开心，于是在接下来的时间里，请假的频率变高，而且参与运动俱乐部活动的次数也变少了。

半年的时间，李伟逐步建立了武汉分公司管理体系，日常管理逐步有了起色，但是李伟也面临着挑战。自从上任经理后，和大家的配合没有之前那么默契了，和张峰开始有了心照不宣的互相逃避，有时候为了一点儿小事就不欢而散。后来李伟找到总经理，表示自己不适合这个管理岗位，还是做现场技术管理比较好，希望公司安排合适的人选担任这个职务。

2. 案例思考

从一名技术专家转型为管理者，可喜可贺，那是努力工作的成果，是专业技能和工作业绩被公司认可的一种表现。但是在快速发展的职场环境中，这份喜悦，可能就在一次会议后被拉回现实。新官上任，需要快速进入工作状态，并承担组织赋予的管理职责，上级和同事会给予你更高的期待和要求，团队也期望你能够带来新的业绩和活力。

李伟上任经理后，他面对的挑战不仅仅是张峰一个人，而是来自整个团队，之前大家是同事，可以交流很多想法，而现在因为身份的转变，他很少能够和同事随意对某件事、某个人进行评论。之前同事们把他当作知心大哥，什么事情都愿意和他说，而现在，彼此之间开始有了一定的距离，谈话的内容开始有所收敛。

现在同事提供的信息不再仅仅是倾诉，更多的是需要你进行甄别后做出决策，因为身份变了。

组织的快速发展，需要"招兵买马"，组建团队。可是在实际的人员招聘过程中，我们都面临着同样的问题：看中的候选人期望薪资远远高于公司能够提供的上限，而那些薪资要求和招聘条件的候选人，我们又感觉不是特别符合岗位要求，这样的矛盾常常会导致面试了多名候选人，却没有自己中意的。李伟就是在面试了多人之后，发现招到一位合适的人，怎么就那么难呢？如果新入职的同事待遇比目前在职的员工高，又不合适，可是招聘这个难题又该如何解决呢？

李伟非常清楚，没有规矩不成方圆，没有合适的制度流程管理，组织就谈不上良性的发展。当公司人数少的时候，我们可以通过管理者的人格魅力来支撑日常管理；当组织在逐渐壮大时，更需要专业的管理体系和流程来维系日常的运营管理。李伟能够意识到建立武汉分公司管理体系的重要性，说明他本人还是有一定的管理意识，而管理政策的制定，不只是文字的堆积，更重要的是内容的合情合理和有效的落地执行。

武汉分公司的管理体系如何建立，并不是起草几份规章制度就可行的，所以这时候李伟更需要有外部资源给他提供支持。

根据李伟的个人工作经验，他在处理以上问题时，应该是有60%~80%的把握。如果从管理者的身份来处理以上问题，他还是需要外部人员能对自己进行些辅导，对已有的经验进行梳理、提炼，毕竟现在是代表分公司来考虑这些内容，所以会和以往的经验略有不同。

该案例在赋能对话中，赋能师运用赋能模型的七步法，帮助李伟逐步梳理思路，挖掘其内在潜力，并给予能量加持。

3. 赋能对话实践应用

公司总部的一位资深总监担任赋能师，在武汉的办公室内和李伟开始了赋能对话。

第一步　目标期望（E）

赋能师：李伟，你晋升为经理已经有半年时间了，感谢你做了大量的工作来支持分公司的发展。最近工作状况如何？

李伟：非常感谢您特地出差到武汉和我沟通这个事情，说明公司对我还是比较重视的。首先，加入公司后，我对公司的文化是非常认可的，特别是武汉这个团队，每位成员都做事专业、认真，互帮互助，大家非常热心、坦诚，一起共事没有任何障碍，我也非常开心。我非常看重这次公司给我的平台和机会，所以当我听到公司将要设立经理这个职务时，感到特别有热情和激情。这个机会对我来说特别重要，我在这个团队中年龄最大，可以说是他们的大哥甚至长辈，我也想用我的努力为大家做点儿事，所以当公司通知我被晋升为经理时，我是激动、开心一并涌来。在此之前，同事们之间并没有上下级的区别，所以我做事能放得开，但是现在我感觉内心有很大的压力，这其中，我自己给的多一点儿。有时候也不清楚该如何展开工作，我想既然我们这里从之前的办事处升级到分公司的级别，公司也希望我们这个团队能有所变化，这是我目前考虑较多的事情，这也许就是最大的压力所在吧。以前只要将客户现场需求的事情处理好就可以了，现在面对整个团队，自己有点儿迷茫了，我该如何管理整个团队呢？有时候坐在办公室发呆，都不知道自己要做什么。

赋能师：嗯，能够理解你新官上任的心情。今年你都有哪些业绩目标呢？

李伟：今年有三个主要目标，第一，业务增长30%。第二，组建市场销售和售后服务部，计划招聘四名工程师，另外招聘一名人力资源行政专员，负责日常的人力行政运营工作。五名招聘目标希望在年底完成。第三，制定相应的激励发展政策，打造一个正面、积极、凝聚力强的高效团队。

第二步　意义澄清（M）

赋能师：完成这个年度目标，对你来说意味着什么？

李伟：能够完成刚提到的三个目标，我想是对自己最大的认可和鼓励，尤其是我刚晋升，第一年完成目标也会给我带来更大的信心。由于市场竞争比较激烈，业务要增长30%，难度还是非常大，不过从目前来看，整个市场还继续保持着增长的势头，所以我们应该可以完成指标。团队招聘和激励发展对我来说比较有挑战，合适的候选人不多，我们的工资水平在市场上没有竞争力，不过目前有几个候选人在跟进。在团队激励发展方面我没有经验。如果这三个目标都完成的话，也是看到了另一个自己，我会觉得很有成就感，将来工作起来也会更加自信。

赋能师：如果目标不能达成，对你有什么影响呢？

李伟：总经理找我沟通过几次，武汉作为分公司，是今年的新重点。其实这个目标对我来说挑战和压力都非常大，主要是我之前没做过团队管理工作，刚开始既要忙业务和技术，还要处理不熟悉的团队管理，有时候会忙得自己乱了阵脚，下班后会感觉很疲惫。如果目标没有达成，我在整个团队中的评价分会大打折扣。之前我的年度评估都是A+的成绩，如果今年的业绩评估分数降低了，好面子的我，估计会脸上挂不住，因此压力会更大。其实在自己的职业规划中，技术转型团队管理对我来说是不小的挑战，有时候我也会暗下决心，一定要做出成绩。可是每当我迷茫、遇到问题和困难时，我总会想到以前，真想回到之前专攻技术事项的工作状态，不让自己这么累。

第三步　现状觉察（P）

赋能师：职场转型确实面临很多的挑战，你也体会到了有一定的难度，目前的状况对你有哪些具体的影响？

李伟：目前的状况对我的影响主要就是信心不足，感觉回不到之前的工作状态。有时候会莫名发脾气，还会将这个情绪带到现场，与客户交流时，客户还会主动问我怎么了，是不是身体不舒服等，客户感觉最近和我交流中，我的话少了很多。最近我开始喜欢安静的环境，下班后等同事们都走了，我就一个人坐在公司里发呆想事情，周末我也不愿意参加活动了，喜欢一个人安静地出去遛狗，我感觉这种状况已经开始影响我的生活了。

赋能师：现在的这种状况，主要是哪些因素引起的呢？

李伟：主要是我个人的因素吧，可能我还没做好担任这个管理职务的思想准备。每月的业务销售、售后服务等数据要汇报给总公司财务，看着这些财务报表就头疼，还要在公司例会上汇报未完成的原因和改进行动，可是这些原因说过好多遍，总部职能部门领导的能力超出我很多，他们都没有好的解决方案，我又能如何呢？每次从客户现场回公司后，我还有好多的报表和汇报PPT需要去准备，时间都去哪里了？

赋能师：还有哪些因素呢？

李伟：（笑了笑）还有我和同事张峰的关系吧，其实我们私下关系还不错，之前打羽毛球，我们两个配合双打，还是很默契的，他善于在场后进攻，我在场前防守，配合得很好。我知道他的心思，他在工作上有股拼劲，他从毕业到现在工作好几年了，我想其他公司的职位对他也有一定的诱惑力，毕竟他的专业能力和综合潜力还是很优秀。刚开始我想将经理的位置让给他，我没有任何怨言，我再工作几年就退休了。既然公司相信我，把我放到这个岗位，我自己也想再拼一把。估计这个职务的落选对他有一定的打击，我们就这个话题谈过，他当时说没有问题，服从公司的安排。但是从现在的情况来看，他最近请假较多，都是以家里有事为理由，不知道他是开始在外面找工作了还是有点儿消极怠工。我想即便现在公司决定由他来担任经理职务，我也是没有任何怨言的。我只是不希望他在这样的情况下离开公司，这是我真实的想法。

赋能师：关于张峰的事情，你还有想和我沟通的吗？

李伟：我其实想听听您对这个事情的看法。

赋能师：这次我来武汉之前，和总经理也交流了想法，依据张峰的潜力和业绩，在外面找一个新的工作机会比较轻松，毕竟他年轻，有激情，有能力，但是这个经理的岗位对他来说，还是有一定的挑战和风险的。或许一开始他就认为自己是符合这个岗位要求的，当然我们也认为他和这个职位的匹配度还可以，只是公司在你和他之间，选择了由你来担任经理，但这并不代表他不优秀。给他一定的时间和空间，他还有机会，毕竟我们公司这几年发展的速度是比较快的，我这次也会找机会和他谈这个事情。我建议你有时间的话，多和他沟通一下他未来发展的方向，多给他安排一些他有兴趣且有挑战的工作，授权给他，让他放手去干，他应该会与你好好配合工作的。

李伟：嗯，非常感谢您的建议。这个周末我们约好打球，活动结束后我再找他聊聊，不过他最近的情绪比我还低落，我确实需要和他好好交流一下想法。

第四步　优势发掘（O）

赋能师：工作这么多年，你自身有哪些优势？

李伟：在整个武汉团队中，我的年龄最大，不管是工作还是生活中，同事们都很信任我，愿意和我沟通，我也非常乐意拿出自己的经验和他们分享，其实我也很乐意和他们分享包括买房、装修、孩子教育等方面的事情，这样也能帮助他们少走一些弯路。我的团队合作和凝聚力较好，同事们愿意和我一起合作做项目。在对待工作上，我认真负责，坚持客户第一，结果导向，不实现目标誓不罢休。因为现在的市场竞争激烈，开展业务难，如果在客户服务上不到位，我们也很容易失去客户。在客户现场，就一定要以客户的需求为主，尽快解决各种技术和服务问题。我也是这样要求团队成员的，客户对我们提供的技术和服务还是很满意的，反馈都比较好。

赋能师：哪些优势对你实现期望的目标有帮助？

李伟：团队合作、凝聚力和乐于帮助分享这些优势，对于我管理和激励团队应该有帮助。认真负责、客户第一和结果导向，对开展业务和服务客户有帮助。

第五步　行动自发（W）

赋能师：对于刚开始我们谈到的武汉分公司的目标，你有什么样的行动方案？

李伟：（1）维护好现有的客户关系，开拓三家新客户。

（2）出台新的销售业绩激励措施和其他方案，有效激发销售团队和其他员员工的斗志。

（3）重点发掘张峰的优势和特长，规划好他的职业发展，激励他和我并肩作战。

（4）借用总部的招聘渠道和平台，半年之内招聘到相关人员。

（5）听取每位员工的想法和建议，制定有效的激励政策。

（6）参考总部的管理制度，建立分公司的制度流程，我已经让总部的Jack给了一份文件做参考，我正在整理中，应该这个月会完成初稿。

（7）我自己需要多参加一些团队管理、领导力方面的培训。

第六步　能量赋予（E）

赋能师：为达成目标，除了以上行动之外，你还需要什么样的资源和支持？

李伟：我希望总部能提供一些培训机会，尤其是团队管理、领导力方面的培训。另外，有关团队激励和招聘工作，挑战比较大，候选人要求的工资比在职同级别的老员工还要高，如果给新员工这么高的工资，对老员工不公平，但是没这个工资又招不到人，不知道该如何处理。在员工激励发展方面，我也没有经验，自己忙，也没有太多精力来管理。有时候也想授权给下属，但想到指导下属所花费的时间更长，还不如我自己做，于是自己做了！但是手头工作实在太多，所以我很累，员工还抱怨没有学习的机会。有关这些问题，也特别想听听您的建议。

赋能师： 你说的这种情况，很多公司都会遇到。在招聘人员工资方面，要看具体情况。如果候选人符合公司的岗位需求，工资要求也在市场平均值范围内，那就说明公司内部同等级别人员的工资需要调整，至于何时调整，每家公司都不一样，还要取决于每年的工资预算，总之内部人员的工资是逐步调整上去的，以便内部平衡。建议你找找当地的人力资源机构，拿到当地的工资细分数据，根据这个数据和负责人沟通一下，在年度工资调整时，进行集体调整，或者在年度奖金上给予倾斜，让员工的整体收入和市场相匹配。还有我们在面试候选人时，要知道我们需要什么样的新员工，而不是完美的超人，有时候我们可以将招聘需求和能力资质按照轻重进行排序，这时候根据实际情况，对候选人要区别对待，而不是一定要全部完全符合我们的要求。另外在招聘中，可以让总部负责招聘的同事参与进来，给你相关支持。

有关员工激励发展方面，对于新晋经理来说，都会面临角色转换的挑战。原来你的角色是普通班组长，所有工作都是自己亲力亲为，而现在你是团队管理者，如果所有事情还是亲力亲为，肯定忙不过来，会很累。不错，第一次你指导下属工作时，教他如何做肯定没有你自己做效率高，但是教会他之后，你就可以轻松地去做更重要的工作，没有授权，你就越来越忙。团队越大，你越要更多地授权下属，同时也会让他们有更好的学习机会。另外还可以建立激励体制，如销售提成奖、最佳建议奖等，以此提高同事们的积极性和斗志。

另外，你可以多向团队管理经验丰富的同事们请教，也可以参加公司的职业导师项目，邀请资深管理专家担任你的职业导师。

李伟：嗯，您的建议很不错，的确是这样，我需要好好去规划，否则团队组建和激励工作都会受到影响。

第七步　复盘总结（R）

赋能师：我们来总结一下，这次沟通你有什么收获？接下来你会有哪些行动？

李伟：这次我们的沟通非常有效，让我收获很多。我感觉自己突然间放松了很多，压力少了许多，也有信心去完成目标了。有些事情感觉真是自己想多了，现在回头一看，原来并不是那么复杂。

接下来我会有以下行动：

（1）寻找当地的人力资源公司，拿到武汉当地的工资信息，然后整理出一套薪资方案向总经理汇报，希望这个方案能够被总经理认可。同时我们也会调整招聘策略，根据关键招聘要求，有选择，有重点，这样招聘中的困难就有了解决方法。另外，我还会寻求总部招聘团队的支持。这个工作我会在本月底完成。

（2）在团队激励发展方面，首先我要调整自己的状态，多组织些团队活动，让大家看到我的行动，听到我的想法，大家互相帮助。

另外，这周我约张峰再沟通一次，有可能是我对他有偏见，或许他请假和这个没有关系，我想这件事情只要我拿出诚意，他应该会理解和支持我的。另外，我要学会对下属进行有效授权。

（3）我要抓紧招聘一名专员，帮我处理相关的报表数据和人事行政事务，这样我就能腾出时间来处理其他事情。

（4）我要尽快请公司指定一位资深管理者担任我的导师，辅导我尽快成为一名优秀的团队管理者。

这次沟通对话结束后（如图3-2所示），不难发现，李伟目前比较有挑战的目标有两个：

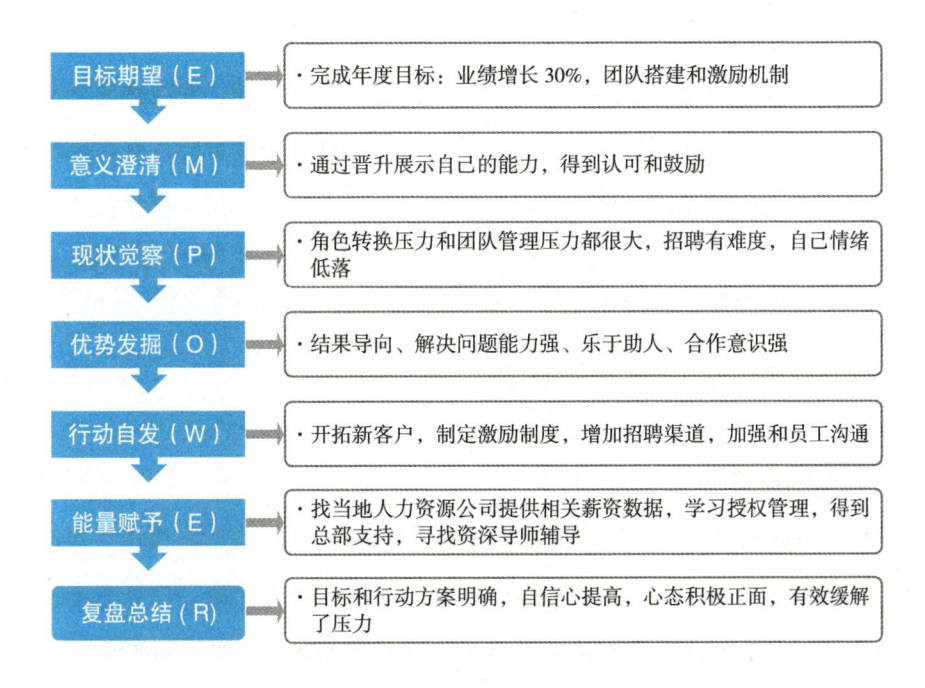

目标期望（E）	·完成年度目标：业绩增长30%，团队搭建和激励机制
意义澄清（M）	·通过晋升展示自己的能力，得到认可和鼓励
现状觉察（P）	·角色转换压力和团队管理压力都很大，招聘有难度，自己情绪低落
优势发掘（O）	·结果导向、解决问题能力强、乐于助人、合作意识强
行动自发（W）	·开拓新客户，制定激励制度，增加招聘渠道，加强和员工沟通
能量赋予（E）	·找当地人力资源公司提供相关薪资数据，学习授权管理，得到总部支持，寻找资深导师辅导
复盘总结（R）	·目标和行动方案明确，自信心提高，心态积极正面，有效缓解了压力

图3-2　赋能对话7步法导图（案例人：李伟）

（1）团队管理和制度搭建。

李伟在接下来的一周内逐步与各位同事进行了单独沟通，并发送邮件反馈给赋能师，其中和张峰单独沟通的效果最明显。张峰也表示，是因为自己太看中这个机会了，这次没有成功，感觉自己之前的努力都白费了，所以心里这道坎过不去。接下来，他会调整个人情绪，配合好李伟的各项工作。

其他成员也纷纷表示支持李伟的做法，特别是行政专员，主动要求承担出纳的工作，并计划参加培训班，希望自己能主动多做一些事情。在制度建设方面，逐步建立了考勤、报销、业务汇报等日常管理制度和流程，最主要的是建立了激励体制，如销售提成奖金、候选人推荐成功奖、最佳建议奖等。三个月后，赋能师再次去武汉，发现大家的工作氛围很好，工作热情高涨，凝聚力很强。

（2）人员招聘。

李伟联系了当地两家猎头公司，让他们进行人选推荐，并鼓励内部员工推荐候选人，同时总部负责招聘的人员也给予面试方面的支持，并在每次面试时，都通过视频参加。面试后和李伟交流各自的看法，帮助李伟快速找到合适的候选人。

案例三　转换企业面临的挑战

1. 案例背景

Lisa 毕业于某名牌大学，工商管理硕士研究生。毕业后 20 多年一直在世界 500 强跨国公司人力资源管理岗位工作，2020 年前在上海一家外企担任人力资源经理，她的直属团队有 50 多人，团队成员分布在全国不同的城市。

最近几年出现了跨国企业的管理人员到民企就职的趋势，Lisa 发现自己周边很多人力资源专业的朋友已经选择了去民营企业发展，不仅扩展了职业平台，甚至有的朋友在短短几年后实现了财务自由，还有些朋友选择自己去创业或成为自由职业者。这样的情景让 Lisa 陷入了深思：是否也需要重新定位自己的职业发展呢？

Lisa 回想自己在之前几家大型跨国公司的经历，她感觉外企组织体系完善，工作环境优越，自己朋友圈中的那些白领精英们也非常专业和优秀，但是她目前在这家外企工作 10 多年了，Lisa 想给自己一个机会，同时鉴于自己周边环境的变化，也萌生了去民营企业体验一下不同的文化和管理风格的想法。毕竟这几年大型民营企业的发展如火如荼，吉利并购了沃尔沃，美的并购了库卡，苏宁并购了家乐福。另外，她已到不惑之年，如果再不行动，担心以后随着年龄的增长斗志会减弱，体力又跟不上，到时候再想跳槽，局面会比较尴尬。

2021 年年初，在猎头公司的推荐下，Lisa 如愿以偿加入了一家服装零售企业（A 公司），担任公司的人力资源经理。该服装公司在全国有 200 多家专卖店，而且在欧洲还有分公司和上百家店铺，同时进入了天猫、京东等几个主流的电商平台，公司业务发展蒸蒸日上，2020 年销售额近 6 亿元人民币。公司整体规模、职业平台、部门职责和权限等都基本符合她本人的预期目标，在薪资结构上她还有一定的股份和期权，于是经过几次和公司管理层的接触，她感觉到，这个选择是正确的。

加入新公司，她满怀激情地逐步开展工作，可是随着工作的逐渐推进，以及对企业信息了解的增加，Lisa 发现 A 公司的核心管理人员半数以上都是老板的亲戚、同学和好朋友，他们跟随老板一起创业打天下，基本上是从实践中摸索出来的，崇拜老板的英雄式领导和命令式管理。而公司的体系、制度和流程非常薄弱，基本是老板拍板决定，团队很少接受外部专业的管理和领导力培训，大部分靠个人的实践。她开始有些困惑了，是该继续按照她入职之初的规划往前推进还是入乡随俗呢？这个选择题，着实让她有点儿头疼。

在 A 公司工作超过 10 年的老员工很多，占了公司 50% 以上，他们没有工作上的危机感，很多就是想一直工作到退休的。另外在激励体制上，对优秀员工也没有什么特殊的奖励和职业发展规划，导致人才不断流失，目前人力资源陷入恶性的招聘死循环中，每年都在不停地招聘新人，又在不停地为老员工办理离职手续。而 Lisa 提出的众多改善方案，在管理会议上一再被推迟表决甚至是直接被否定，公司高层给到的反馈是，现在时机还不成熟，改革需要慢慢来。

民企的工作时间比较随意，有时还会占用周末休息时间，还有文化上的冲突，等等，这些让 Lisa 实在难以招架。

尽管 Lisa 在加入 A 公司之前心理上已经有了一些思想准备，但是在最初的几个月，Lisa 感到疲惫不堪，她静下心来重新评估自己的选择，如果继续留在 A 公司，她该如何调整自己的状态适应新的环境，如何适应企业文化，如何推进改革项目，如何与各业务部门在工作上加强配合呢？

2. 案例思考

遇到职业天花板

在职场中发展，迟早都会遇到天花板，虽然每个人对天花板的定义不一样，但是真的遇到了，怎么办？

以上案例中的 Lisa，看到身边的朋友要么转型，要么跳槽，展现在大众视野里的都是光鲜亮丽的画面，让本来就不太满足现状的自己，面对此情此景，如坐针毡，自己的下一个机会在哪里？现在的她可以直接向总经理汇报工作，在公司的发展貌似也遇到了天花板。

跳槽虽然是职场中常见的现象，但职场中的中年人士却轻易不敢跳槽。都说"80后"是收入不高就离职，"90后"是领导骂我就离职，"95后"是感觉不爽就离职，"00后"是领导不听话就离职。事实不容忽视，过了而立之年，人的体力、精力不可避免地开始进入衰退状态，无论内心是如何想做出种种努力，可是身体却在真实地告诉你：那道坎，很难跨过。

迷茫、焦虑是职场里永不过时的话题，不管关注圈是公司内部还是公司外部的环境，如果没有客观分析，很容易进入误区。

遇到天花板是好事，说明我们在思考，在进步，是思想跑到了现实的前面，所以在碰到天花板之前，不要放弃自我发展的诉求，要勇敢面对天花板，制订行动计划。当然也可以通过人力资源部门的辅导，通过读书取经，或者请用专业的咨询机构对自我职业生涯进行规划。

每家公司的情况都不一样，当我们进入一家新公司，刚开始面试时接触的信息有局限性，而且彼此都会努力在面试时给对方留下好的印象，双方都不好意思戳破糊在事实外面的那张纸，加上网络上的信息有限，导致在跳槽前的短时间内，很难对新公司有全面客观的了解，所以跳槽需要慎之又慎。

而对A公司而言，当初老板聚集了有理想、有抱负的亲朋好友一起创业、奋斗，采用了家族式管理模式，也发挥了这种管理模式中的内聚功能，就是借助创业之初的关系密集程度相当高的优势，来进行企业管理。从企业发展来看，这种管理模式确实在企业发展初期能起到较好的作用，但是当企业发展到需要通过规范流程、制度体系来发挥作用的时候，这种初期的管理模式就会或多或少出现这样或那样的问题。

A公司新职位对Lisa而言，她的职责权限比之前公司更大，在收入构成上有股权和期权，再说她的方向本来就锚定私企，所以她很难放弃这个机会。

每家企业的发展都有自己的特点，A 公司能够稳步扩张，正是因为有这些能和老板一起吃苦打市场的亲朋好友，而老板也是基于对他们有长期的了解而产生的信任，才将他们提升到管理层岗位。刚开始 Lisa 的工作开展难度可想而知。部门经理权限范围内可以做决定的事，部门经理却让老板来决定，这样 Lisa 就在老板和管理层之间来来回回沟通协调，她感觉内耗太大了。

通过和 Lisa 沟通后发现，其实她非常希望也像身边的朋友那样在民营企业里大展身手，来证明自己的价值，这是很多职业经理人想空降到民企的重要原因之一。其实在职场中发展到一定阶段后选择跳槽，这时候考虑的不再单纯是收入、岗位和职责，更多的是对自己价值的认可和体现。

在对话过程中，能感受到 Lisa 传递出来的强烈的个人磁场，她不是一位喜欢发牢骚的人，不是遇到困难就逃避的人，而是积极主动去面对问题和挑战的人。但是在 A 公司的几个月工作体验让她很疲倦和困惑，于是她迫切需要解决目前这个阶段的问题。

3. 赋能对话实践应用

第一步　目标期望（E）

赋能师：Lisa，你好。得知你换工作后非常忙，最近怎么样了？

Lisa：谢谢你今天有时间来和我谈话，最近我真的需要你的赋能。过去的几个月我简直是忙得四脚朝天，不堪形容。各种出差、会议、报告、员工谈话、拜访客户和供应商、员工培训、培训效果评估、人员发展和业绩挂钩考核等，这么多工作压在一起，我快招

实践篇
赋能对话实践案例

架不住了。

（赋能师在 Lisa 之前工作的单位就认识她，Lisa 更换工作后也大概向赋能师介绍了她的情况。这次正式邀请赋能师来帮助她。）

赋能师：新加入一家公司，刚开始确实会有个磨合期，也会比较忙。那么在 A 公司，你的期望和想实现的目标是什么？

Lisa：尽管忙得天昏地暗，但这也是我自己的选择，在加入民企之前，我已经有思想准备了。我想要实现的短期目标是，首先在民企稳定下来，我期望能尽快适应公司的文化和老板的管理风格，一年内得到老板的信任和业绩认可，我要证明自己不仅在外企可以做出成绩，在民企依然很优秀。

赋能师：嗯，很佩服你的勇气和自信。为了达成目标，你之前做过哪些努力和行动？

Lisa：第一，加入公司以来，我调整了自己的作息时间，工作日下班之后和周末时间也习惯了工作模式，随时查阅公司邮箱、飞书和微信，和老板、同事保持同步工作沟通。在这方面，家人也给了我较好的理解和支持。

第二，能够更多地从老板的角度，从创业者、企业家的角度来看待、解读和解决所有面临的问题，尽管目前我的角色还没有完全转变过来，但我在努力适应中。

（尽管家人给了 Lisa 足够的理解和支持，但是因为没日没夜地加班，包括周末也没时间陪伴孩子，Lisa 的先生还是会有些怨言，这也会让 Lisa 静下来时去思考自己想要的是什么。）

第二步 意义澄清（M）

赋能师： 如果目标实现了，你的人生会发生什么改变？对你来说意味着什么？

Lisa： 如果目标达成了，我会很骄傲地宣布：我在民企依然能做出业绩，依然很优秀！对我来说，这意味着经过不断挑战后收获的是自豪和成就感。对我将来长期的职业规划会很有帮助，我希望去不同的公司和不同的行业体验。另外，也给我的孩子树立了很好的榜样，面对挑战，要迎难而上，证明自己——我可以做到，我能行！

赋能师： 如果没有实现你期望的目标，会带给你什么样的影响和后果？

Lisa： 如果目标没有达成，我会仔细分析原因并反思我的决策和行动，还有是否和老板在目标行动上同步。如果我都认真考虑、计划和执行到位了，还是未达成目标，我会接受现实，离开现在的公司，但这不是我想得到的结果。如果目标没有达成，会影响我今后做重大决定的自信心，这次决定加入 A 公司将是一次经验教训。

［对话过程中，Lisa 谈到目前的目标：在民企稳定下来，得到老板的信任和认可。这件事对她重要程度是 9 分（重要程度用 1~10 分来评估），说明这件事、这个目标的实现对她来说非常重要，所以要问她目标的达成或未达成对她来说意味着什么。］

第三步 现状觉察（P）

赋能师： 目前你的现状和面临的工作挑战主要有哪些？

Lisa： 刚进入公司首月，面临的第一个挑战就是文化上的适应。A 公司是"996"工作制，唯一可以休息的周日几乎都会安排各种会议，

实践篇
赋能对话实践案例

手机 24 小时待命，随时接听并投入工作。总经理看到没完成目标或未达到期望值，就会生气地说："你们来我这里不就是为了高工资吗？我支付给你们这么高的年薪，你们必须几倍十几倍给我赚回来啊！"有时候在会议期间，当着众人的面，老板就骂起来，管理人员真想找个地缝钻进去。另外 A 公司的体系、制度和流程非常薄弱，基本是老板拍板决定。对所有的工作只重视结果，不关注过程。

有一次，老板让我安排一个全球店长年会，地点选在贵州。为了组织这个会议，我安排团队成员承担所有的工作，包括酒店房间和餐饮预订、合同押金支付、机票购买、会议供应商联络、年会节目编排和组织、会议参加者信息统计、礼品事宜等，整整忙了两个月，结果老板突然通知说会议取消了，原因是公司业绩不好，为了省钱，决定不组织了。没有提前告知会务组，我们忙了几个月的年会安排，一句话说取消就取消了。

面临的第二个挑战是支持各门店进行技术业务培训，协助提升门店业绩。我以前经历中没有负责过技术类培训。为了设计技术类培训课程，现在我需要去各门店，了解客户和门店的具体需求，比如每个店铺销售额的压力、库存的压力、物流仓储成本、体系建立、如何留住重要客户等。新职责给我带来了极大的挑战，每次老板都问我结果是什么，各门店的培训效果如何评估，各门店业绩增长了多少，根本不问在这一过程中做了什么，遇到了什么困难，需要什么资源等。

老板完全看结果，对事情的过程不管不问不听，老板说支付给管理人员高薪，就是希望管理人员赚取更多利润回报给公司。

为设计有针对性的业务培训，帮助店铺提高销售业绩，我用了大量的时间和精力到华南地区的各大店铺了解客户和店长的实际需求。之前的单位老板一般会听我介绍整体的出差计划、日程安排和具体做什么。但是在 A 公司，老板根本就不问你出差计划、每天行程、每家店发现了什么问题，店里的员工、产品、场地、竞争对手、VIP 客户、新客人如何增长，如何提高店里员工的积极性等，老板直接问你华南地区的业绩一个月下来增长了多少，两个月下来业绩是多少，是否达到或超出了目标。

刚加入公司时，感觉自己真是一刻也不想待下去了，当时就想马上辞职。但是想到自己来 A 公司的初衷，就打消了辞职的念头，努力慢慢适应新环境。

赋能师：你的老板和家人是怎么看待现状？

Lisa：老板认为我现阶段的忙和乱是正常的，对于新加入的管理人员，空降进来的职责就是要来解决问题的，正因为目前公司的管理制度、流程和体系不健全，所以才需要空降的管理层，在时间紧迫、任务重的情况下，老板希望我尽快进入状态。

老板看重结果，不管过程，他希望我能够根据以前在外企积累的管理经验，适度地引进流程制度到公司内部，帮助 A 公司进一步壮大发展，同时也能体现出我的价值。

我的家人看到我现在的工作量是以前公司的好几倍，又没有常规的周末休息时间，所以不断提醒我一定要注意身体，实在不适应的话，就换个单位，不要在 A 公司硬撑着，身体健康是最重要的。当然有时候我先生也会有些小抱怨。

第四步　优势发掘（O）

赋能师：根据以往的经历，你有哪些自身的优势和资源机会？

Lisa：我在不同的世界 500 强公司里工作了 20 多年，积累了很多人员管理方面的经验、市场上的人脉圈、第三方合作单位，如咨询公司等。

我擅长沟通、协调、计划和组织等，善于搭建人才梯队、开展人才激励等工作，同时也是认证的领导力培训讲师。另外，我的适应性还是不错的，虽然内心有一定的挣扎，但我还是能够在短时间内适应环境的大变化和组织的大变动。

（前面 Lisa 在介绍现状时，因面临的挑战较多，各种冲击几乎快让 Lisa 崩溃了，正能量很低。这时候去发掘她的优势，让她看到自己的强项，能显著提升她的能量，让她重新找回自信。）

赋能师：你如何使用这些优势和资源来达成期望的目标？

Lisa：我近期的目标有两个：一是先在 A 公司稳定下来，二是尽快得到老板的信任和认可。

经过和老板多次沟通后，了解到目前 A 公司的业务痛点是利润不高，低于同行业的竞争对手；销售量和去年同期相比降低了 20%，达不到公司目标；店铺增长速度慢等。

针对以上的业务痛点问题，除了受外部市场大环境及宏观经济因素影响之外，内部员工情况也是非常重要的因素之一。员工是否和公司同心同德、上下齐心、积极主动，是否有激情，是否具备相应的岗位技术能力、销售技能，是否尝试和推动全员销售，管理人员的领导力是否足够，如何吸引更多的加盟商等，这些工作都可以用到我前面提到的优势。

第五步　行动自发（W）

（该阶段中的行动一般是对方独立思考后自发列出的行动方案，所以在这个阶段要留给对方充足的安静思考的时间，并允许对方进行调整。）

赋能师： 为了达成目标，你需要做出哪些具体行动？

Lisa： 我思考后，认为应该从以下几个方面开始行动：

（1）适应企业文化，坚持结果导向，去灵活适应公司负责人的管理风格。

（2）做好角色转变，从职业经理人到事业经理人，再到创业合伙人的思维转变，必须具备企业家精神。我需要多了解业务，多去店铺一线了解员工动态，了解客户满意度，多去拜访客户等，针对业务上出现的问题，再去量身定做支持业务达成目标的人力资源体系。

（3）制定适合 A 公司的绩效管理体系，引进 KPI 关键绩效指标的结果管理工具和 OKR 关键目标衡量的过程管理工具。同时，引进员工排名优胜劣汰机制，实行竞合管理等。

（4）刺激全体员工进行全员销售，体现主人翁意识，制定明确的奖励制度，多劳多得。对部分核心人员实行股权激励。

（5）建立公司的人才梯队，核心管理岗位必须要有接班人规划，并针对接班人进行相应的培养和发展，确保核心岗位人员在发生任何变动时，不会影响公司的正常运营。

（6）加大对各店铺销售一线人员的岗位培训和研发人员的技术培训，强化对新加盟商的公司文化价值观和业务专业知识的培训，培养一批内部培训师队伍。

（7）优化和完善公司内的各项规章制度、流程和体系等。

第六步　能量赋予（E）

（在这个阶段中，如果对方愿意，赋能师可以给予一定的经验分享，给对方一些参考，最后由对方决定是否接受并拿出最终的行动方案。）

Lisa：以上是我的初步行动计划，根据你的经验，能给我一些经验分享吗？

赋能师：好啊，你要是想了解别人由外企转入民企工作的一些经验的话，我可以分享一些案例。

Lisa：迫切需要分享。

赋能师：根据我了解到的情况，其实民企和外企在文化和制度上还是有所区别的。

民企需要综合能力特别强的管理人员，需要能提供整体解决方案的人，而不是在某一个职能岗位上能力强的人。外企工作通常职责清晰，各部门管各部门的事情，把你分内的事情做好就可以了。但是在民企是行不通的，民企中的老板的痛点问题是什么，你就要解决什么，需要你的时候，你就要马上能顶岗，哪怕不是你职责内的事情，无论你是什么岗位和职责，这就是所谓的"灰度管理"。民企需要综合解决问题能力强的人，否则在民企很难有大的发展。

民企需要灵活管理、结果导向的管理人员，正是因为很多事情靠"灵活管理"，只看结果，才能对外企产生某些不对称的优势。如果你从外企加入民企，要求一切合规，对民企来说有很大的难度。

民企管理人员的薪资结构中，通常固定的年薪比外企要低很多，更多的是用股权和期权等激励来补充。薪资水平没有和市场接轨，但工作量却比外企同等岗位要多出很多。

在民企中进行企业改革难度更大。从外企进入民企想推动改革的管理人员一定要注意时机和节奏，因为很多小型民企老板没有在跨国企业做过高管，不太了解企业管理和转型变革会经历什么过程。所以，通常一开始热情高涨，实施过程中间稍微和他想象的不一样就会立即叫停改革，最后还反过来批评你改革失败，责怪你的方案考虑不周全。

民企里员工和老板的关系错综复杂，很多外企里严格规定不允许招聘直系亲属入职，但是在民企很多员工都是老板的直系亲戚，这些员工还都有很大的影响力，如何高情商地协调处理他们之间的关系，是非常重要的。

通常中小规模的民企不太成熟，像个小伙子，血气方刚且灵活。中小规模的民企从生存到发展壮大，比较急功近利，考虑短期目标较多，无太多章法，屈服于短期利润和短期的经济效益。

而外企相对来说比较成熟，像成年或中年人，有规矩但不太灵活，实力雄厚，文化积淀深厚。

以上是一些民企和外企不同的做法对比，尽管有很多挑战和问题，但是管理好一家民企尤其是大型民企是一件令人非常骄傲、有成就感和价值感的事情。

（分享完毕后，Lisa 觉得很受益，她说很多分享直接讲到了她心里，也是她体会到的民企和外企不同的地方。）

赋能师：结合刚才的分享和前面你提到的行动，你认为哪些行动是要尽快来执行并实施的？

Lisa： 我认为前面列举的行动都很重要。首先我要尽快适应民企的文化并进行思维上的转换，从职业经理人向事业合作伙伴转型。

其次是要尽快制定适合 A 公司的绩效管理体系，同时引进员工排名优胜劣汰体系，开展竞合管理等。推动全体员工进行全员销售，体现主人翁意识，制定明确的奖励制度，多劳多得。

最后还需要尽快开始对各店铺销售一线人员的岗位培训和研发人员的技术培训，强化对新加盟商的公司文化价值观和业务专业知识的培训。

通过以上行动来支持业务，增加销售量，提高利润点。

赋能师： 在执行以上行动计划中，可能会遇到哪些主要困难和障碍？如何来解决这些困难？

Lisa： 在文化适应和思维转型阶段，如果老板对我的工作不支持和不理解时，我可能会退缩，会打击我的信心，也没有成就感。解决方案就是要经常和老板多沟通，多了解老板的业务痛点在哪里，如何能帮助老板分忧，如何能得到老板的理解和支持，和老板保持同一方向和目标。

绩效管理之前都是各主管根据自己的判断给员工评分，很多员工抱怨说绩效奖金分配不公平，评价不客观，评估目标没有量化指标等。所以这次绩效管理体系的优化中也会遇到很多困难，如 KPI 如何设置和跟踪，如何引进员工排名体制，对于业绩差的人如何进行淘汰以及为了推动全员销售，如何制定一套公平透明的奖励制度。

对于解决绩效管理体系问题，首先要给所有店长进行统一的培训，详细分解目标及衡量指标，如各店铺每月的销售目标量（该目标需要与去年同期和今年上月度的销量来对比）；核心 KPI（笔数目标、件数目标、货单目标、连带目标等）；时间进度表（与去年同期相比的营销活动量、目标金额和目标件数、月度累计销售量等）；顾客维度（老顾客、散客、VIP客户、生日顾客、核心顾客、活跃顾客、沉睡顾客等和去年同期及今年上个月来对比他们的消费金额）；每个店员的核心KPI（销售目标、销售笔数、销售件数、货物单价、主推商品件数目标、VIP邀约目标等）。

对于业绩差的人员淘汰名单，需要得到老板的大力支持，并提前和各部门经理沟通好，淘汰业绩不好的人，新招有能力的人进来，促进人员流动，让大家有危机感，打破大锅饭的局面，奖励优秀员工，淘汰业绩差的人员。

在推动全员销售改革上，更需要得到老板的大力推动和支持，制定好全员销售奖金制度后，各部门经理要带头去执行，支持各层级员工动用各自的资源和人脉去销售产品，一旦达成目标，次月奖金立即兑现。

赋能师：为了达到期望的目标，你需要哪些人力、资源和能量来协助完成这些方案？

Lisa：我认为最主要的是我的老板和公司各部门的负责人，他们的信任、支持、理解和配合是确保我完成以上方案的最主要因素。另外，我的家人对我的持续鼓励和支持也是非常重要的。

（在赋能对话中，赋能师除了激发对方自发地去思考行动方案之外，在能量赋予阶段根据对方的需求给予实践经验分享，让Lisa受益很多。同时也让她重新整合之前的行动方案并协助她分析执行过程中的障碍和困难，以及如何扫除这些障碍。人员、资源等相关能量的支持也是非常有必要的。）

第七步　复盘总结（R）

赋能师： 通过对话，你有哪些收获？

Lisa： 通过以上几个步骤的沟通，我觉得自己思路清晰了很多，有一种豁然开朗的感觉。另外，你给我分享的民企和外企的区别对我帮助也非常大，了解差异之后，能让我更加有针对性地去关注和改进，对达成目标也更加有自信。希望我们接下来能够继续沟通，我会带着更具体的案例，与你一起讨论。

赋能师： 接下来，根据行动计划方案，我会定期跟踪你目标的达成情况，如何能让我知道目标达成的进展状态和结果呢？

Lisa： 回去一周之内，我会整理一下具体的行动计划，然后用邮件发送给你。接下来，我会每月主动向你汇报相关行动的工作进展情况，持续对话沟通，直到我顺利度过第一年，在公司稳定下来，并得到了老板的信任和认可。

这次沟通对话之后（如图 3-3 所示），接下的几个月，Lisa 都如约和赋能师进行沟通对话，并回顾当月发生的各种故事，及时调整心态和行动计划。Lisa 在努力中成功地度过了在 A 公司的第一年，老板对她引领的几项改革项目都给予了高度赞扬和认可，这让她觉得非常骄傲、自豪和有成就感。用她自己的话就是：再次证明了自己的实力！

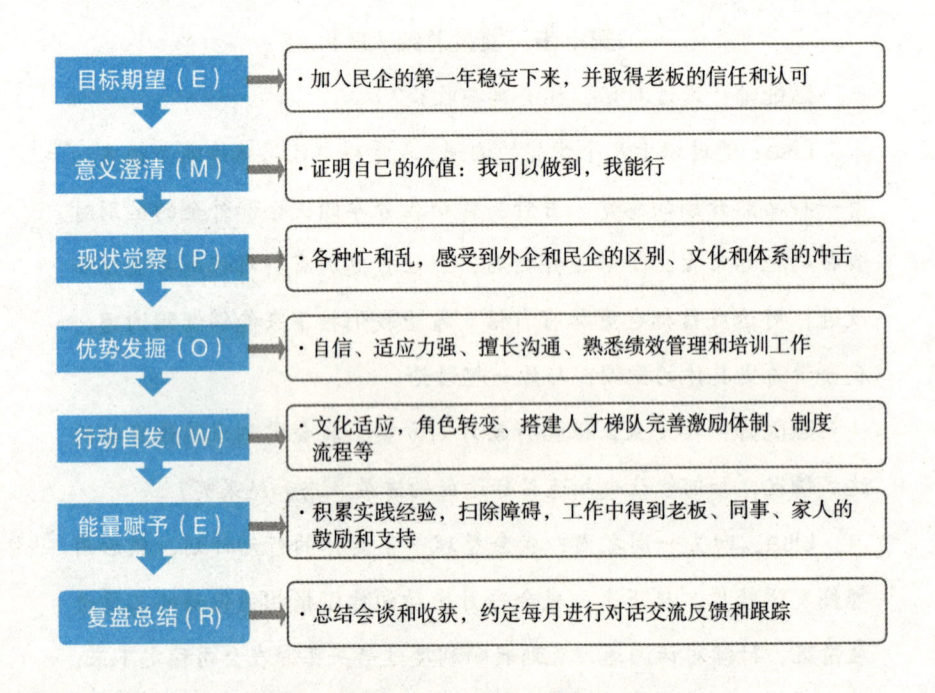

目标期望（E）	·加入民企的第一年稳定下来，并取得老板的信任和认可
意义澄清（M）	·证明自己的价值：我可以做到，我能行
现状觉察（P）	·各种忙和乱，感受到外企和民企的区别、文化和体系的冲击
优势发掘（O）	·自信、适应力强、擅长沟通、熟悉绩效管理和培训工作
行动自发（W）	·文化适应，角色转变，搭建人才梯队完善激励体制、制度流程等
能量赋予（E）	·积累实践经验，扫除障碍，工作中得到老板、同事、家人的鼓励和支持
复盘总结（R）	·总结会谈和收获，约定每月进行对话交流反馈和跟踪

图 3-3　赋能对话 7 步法导图（案例人：Lisa）

案例四　人力资源助力完成公司战略目标

1. 案例背景

B 集团是一家总部位于美国的国际化汽车零部件供应商，成立已经有 100 多年了。公司业务发展非常迅速，在全球 30 多个国家的 60 多个基地拥有超过 6 万名员工，市场占有率名列世界前茅。作为国际汽车行业的合作伙伴，B 集团为全球大部分的汽车制造商及一级供应商提供高质量的产品。

1999 年 B 集团在中国成立分公司，适逢中国汽车行业蓬勃发展，业务发展迅猛，截至 2006 年，销售业绩已达到 20 亿人民币，员工人数已达到 3000 名。根据公司的既定战略目标，未来三年，公司的销售业绩需要增长到 100 亿人民币。目前公司大客户比较稳定，订单也在稳定增长，公司曾多次获得客户颁发的"优秀供应商"证书，深受客户的认可和信任，所以针对B公司目前状况来说业务订单不是问题。

Eric担任这家跨国公司中国区的人力资源总监，面对公司未来三年的战略目标，他的任务就是如何帮助公司成功实现100亿元销售目标。

近几年随着业务的快速增长，公司的软性竞争力，如企业文化价值观、管理人员的领导能力、研发人员的技术能力、核心岗位的人才梯队、新员工的培养等愈加重要，人才流失等问题正逐步凸显。

员工的知识技能、心态意愿和行为等都赶不上业务发展的速度，组织能力发展的滞后已经深刻影响了业务快速发展，具体表现在以下几个方面：

第一，每年公司安排大量的中国研发工程师赴美国参加技术培训，培训成本非常高。

第二，大部分员工的知识和技能与业务发展速度脱钩，导致客户的投诉率居高不下。

第三，公司领导层综合领导能力欠缺，特别在信任员工和授权方面有欠缺，导致内部沟通不畅，员工敬业度低。

第四，公司是多元文化氛围，员工来自十几个国家，没有统一的文化价值观，员工没有归属感，凝聚力差，缺乏主人翁意识。跨部门之间沟通欠佳，合作意识淡薄，各部门只扫自己门前雪。某些部门非常强势，但工作效率低下，又缺乏沟通、尊重和信任。

第五，员工的薪酬缺乏市场竞争力，加上前面提到的问题，造成B公司每年员工辞职率高达25%以上；国内市场逐渐出现众多小规模的竞争对手，他们为了提高自己的技术团队力量，不断地恶意抢人才，导致公司刚刚培训出来的技术骨干，大部分流失到竞争对手企业中担任技术主管。

综合以上提到的各种因素，致使员工团队合作意愿和工作效率低，缺乏主人翁意识，同事之间互相扯皮、推卸责任。另外，由于人才不断流失，又没有足够的管理接班人和研发技术能力达标的工程师，不断增加的新员工带着原来公司的文化，没有统一的文化价值观，各自按照自己的标准来行动，这些情况已严重影响了业务的正常运营，客户也开始抱怨，满意度在下降。

如果此种情况继续下去，是不可能达成公司未来三年战略目标的。为解决此问题，Eric曾经多次召开部门间的头脑风暴会议，听取大家的改革方案，并邀请外部的领导力培训讲师为公司管理人员组织了多次与领导力相关的培训。以上问题开始有所改善，但由于执行力度较差，配套的管理系统不成体系，执行力效果不持久，总的来说，效果并不明显。

面对以上挑战，如何提高公司软性竞争力和员工技术能力方面的问题，如何提高团队的执行力，又该如何制定行动方案来实现公司未来三年的战略目标呢？

2. 案例思考

孔子曾说："逝者如斯夫，不舍昼夜。"不同的人，不同的情景，不同的心情，读到孔子圣贤的这句话，都有自己的出发点，而后有不同的理解和感慨。

当公司高层管理者伴随企业一同成长至今，从最初的公司设立、生产流水线的建成到现在年销售额达到20亿元人民币，从公司当初第一名员工入职到目前3000多人的团队，当在B公司任职的Eric读到孔子的这句话时，他肯定会有属于自己的那份独特感慨。

企业的快速良性发展，是每位企业经营者的追求目标，但事与愿违的现象总是在不经意间跳到你的面前。B公司对外业务拓展表面上看是快速发展，但是潜伏在业务订单下的问题层出不穷，项目工期延误、质量投诉、服务投诉等，这些问题又不是单纯的一个独立的现象，和企业的文化、管理体系密不可分。

企业发展步伐要紧跟市场的变化，及时调整自己，凡是反应速度慢的企业，迟早会收到市场的警告书。B公司在业务快速发展的今天，也要随着市场环境、社会环境、客户的需求、员工的敬业度等一起改变，与时俱进。

Eric身为B公司的人力资源总监，深知公司文化、组织能力、管理体系出了问题，而这些要随着公司的发展规模或业务发展方向的变化而重新设计。在重新设计的过程中，势必会改变原有的组织结构和相关制度流程，特别是人力资源的问题，如何激励和任用员工更是重中之重。《天下无贼》电影中黎叔曾说过："人心散了，队伍不好带啊。"

那么Eric该如何应对挑战，见招拆招呢？

3. 赋能对话实践应用

第一步 目标期望（E）

赋能师： 非常感谢贵公司的邀请，希望我们一起努力，达到公司期望的目标。请您先介绍下公司的情况。

Eric： 好的。公司为了达成三年的战略目标，当下迫切需要有一套整体解决问题的方案。

公司自成立之后的八年里，业务发展非常迅速，从最初的零业务、几位员工开始，到几百位员工，再到2006年的3000名员工，20多亿元人民币的销售额，可见证其发展速度之快，人员增加之迅猛。

赋能对话
成就和赋能他人 7 步法

根据公司的战略目标，未来三年内，公司的销售业绩需要增长到 100 亿元人民币，人员需要增加到 1 万名才能满足业务的发展需求。我作为中国区的人力资源总监，面临的主要挑战：一是如何招聘到合格的 7000 名员工；二是 7000 名新人到岗后，如何培训他们尽快适应新的岗位，正式上岗，还有如何提升全公司各层级员工的能力，确保他们的能力符合岗位要求；三是如何进行绩效管理，体现多劳多得，优胜劣汰，确保公平公正。

还有一些困难，一是目前研发技术人员流失严重，离职率高，而且这些人都是在美国接受技术培训之后离职的，培训成本很高，人员离职后，公司损失严重。二是管理人员的领导能力欠缺，很多新晋升的中层管理人员原来只懂技术，不会管理，因为没有更合适的内部接班人员，就直接晋升了。晋升后带来了一系列的人员管理问题，因管理不善，又导致大量的员工离职。三是随着业务的迅速增长，员工的思维、态度和能力等跟不上业务发展的速度，外籍人员大约有 150 名，再加上不同企业文化的冲击，造成团队合作意愿和工作效率低，员工缺乏主人翁意识，同事之间互相扯皮、推卸责任。组织发展情况堪忧，照此下去，势必会影响公司三年战略目标的实现。

赋能师：嗯，能感受到您接下来需要做很多项目，任务艰巨，真是压力巨大。您期望达成的目标及可量化的指标有哪些呢？

Eric：是的，我压力非常大。未来三年，为了支持公司达成 100 亿元人民币的销售额，我所带领的人力资源团队成员需要达成的目标主要有以下几个：

（1）人员增长三倍多，达到 1 万人，新增合格员工 7000 人。

（2）员工敬业度从现在的 70% 增加到 80%。

（3）人员离职率从现在的25%降到15%以下，尤其是降低研发人员的离职比例。

（4）核心岗位必须要有后备梯队，包括管理和技术岗位，即岗位接班人。

（5）2008年底完成新建工厂人力资源体系建设和团队搭建。

赋能师： 为了达成目标，您和团队之前付出过哪些行动和努力？效果如何？

Eric： 之前公司请过一些领导力讲师给管理层人员进行培训，参加者对培训效果和培训师的反馈一般。我们还安排了很多工程师去美国总部参加为期三周的技术培训，效果也不好，原因是不仅海外培训费用（包括学费、出差补贴、往返机票、住宿、保险等费用）昂贵，而且很多员工培训回来后工作一年左右因为各种原因就离职了，学过的技术随即也带走了。我们请过教练给部分新晋升的管理人员和高潜力的年轻人进行一对一的辅导，他们反馈说，教练对他们进行不断的提问，层层挖掘他们内在的力量，让他们自己解决面临的问题，这固然好。但是除了他们自己解决问题，也需要外面的一些专家、导师或顾问给他们一些专业经验的分享，指导他们如何做，避免他们犯之前前辈的错误，少走弯路，这样他们可以成长得更快，解决问题的效率也更高。

（此案例中，Eric的目标明确，衡量目标的主要业绩指标KPI也很明确。之前也采取过一些行动，但效果不佳。）

第二步　意义澄清（M）

赋能师： 三年之内，如果完成前面列举的目标及量化的指标，对您来说意味着什么？

Eric： 能够支持公司达到 100 亿元人民币的销售目标，这不但是我们整个部门的责任，更是我个人的责任，如果能如期完成，是对我的管理能力的极大认可，同时我本人也会非常自豪，这证明了我有这个能力，三年中在组织发展上的投入和辛苦是值得的。我也会非常有成就感，在这个平台上感觉自我价值得到了体现。

赋能师： 如果没有完成前面列举的目标及量化的指标，会带来什么样的影响和后果？

Eric： 如果没有按计划达成目标，这将会大大影响公司战略目标的实现，继而在组织发展方面引发更多的问题和冲突，进一步形成恶性循环。对股东和员工的打击也非常大，继而会影响客户的满意度。对我个人来说，我也会有挫败感，我需要好好反思到底是什么阻碍了目标的达成，如果是我无法影响和无法控制的因素，我可能会从公司离职。

（意义澄清阶段不仅要激发对方的动力和斗志，还要让对方认识到目标未达成时所承担的后果，提前采取相关的行动。）

第三步　现状觉察（P）

赋能师： 目前现状及存在的问题主要有哪些？

Eric： 现状是公司发展速度太快，目前已经有 3000 多人，接下来三年之内要达到 1 万人，即每年要新增加近 2500 人。这么多新人加入公司，要完成公司具有挑战性的 100 亿元人民币销售战略目标，加上现有的体制，新人和在职的共计 1 万多人短期内如何高效合作，这势必会有一系列的管理问题。

管理就是围绕人的各种事宜进行处理，人越多，管理的问题就越多。如每年如何高效率招聘到2500多名高质量的新人？新人进来后如何尽快融入团队、适应新岗位，尤其是管理人员？如何建立整个公司的岗位胜任力模型以提升各岗位人员的能力？如何在降低技术人员去海外培训的成本的同时确保中国公司有更多的有能力的技术人员？如何留住这些掌握公司核心技术的工程师？公司的快速扩张需要大量的管理人员，如何在内部进行接班人培养？如何优化目前员工的职业发展通道？

　　另外，目前公司有100多名外籍员工，加上越来越多新人的加入，我们原来的文化价值观已经不能适应接下来快速扩张的需求。我们需要对现有的总部文化价值观进行升级迭代优化，只有明确统一的文化价值观，所有人才能有共同的愿景、使命和价值观，万人拧成一股绳，凝聚力和归属感得到提升，才能提高员工的敬业度，离职率才会下降，才能万众一心，斗志昂扬，共同迎接挑战，成功达成目标！为了达成目标，目前我们的厂房面积和产能都达不到要求，所以还需要新建一个工厂扩大产能，需要在一年之内将人力资源体系和团队搭建好。以上这么多问题需要我们共同去面对和解决，我们需要一个综合的整合方案来帮助我们达成目标。

　　赋能师：您的上司和公司员工是怎么看待目前现状的？

　　Eric：老板的压力更大，要达到100亿元的销售目标，除了组织和人才之外，公司的利润、销售订单、市场占有率、产品质量、生产和研发、客户满意度、供应链管理等都需要他去关注，但是老板对实现目标很有信心，他说公司最重要的资产就是人员，每位员工业绩优秀，公司的目标肯定就能够实现。业绩差拖后腿的员工，公司要果断终止劳动合同，要给员工一种危机感，而不是待在舒适圈里无所事事。公司规模扩大，对有能力、有职业发展规划的员工来说，是职业发展的机遇；对业绩平平、能力差的员工来说，他们感到了危机，也会进一步刺激他们去改进工作，否则就会被淘汰。

第四步　优势发掘（O）

赋能师：您和公司有哪些优势和资源？

Eric：个人认为，我的优势主要是坚持结果导向，不达目标，誓不罢休。我的管理风格是以教练型为主，善于激发、启迪、赋能他人。另外我之前在四大咨询公司工作过，所以也能很好地担任顾问的角色。我的朋友圈里有几百个负责人力资源管理工作的高管，他们是很好的人脉资源，必要时可以助我一臂之力。

我们公司是世界500强企业，有知名的品牌、大而广的平台、国际化公司资源、来自总部的研发技术支持、强大的专业团队支持，同时也有兄弟单位每年稳定的大客户订单，还有众多知名度高、实力强的供应商支持。中国区总部设在国际大都市上海，大都市的各种资源都有助于公司的进一步发展。公司和当地政府的关系一直保持得很好，这也是一大优势。

赋能师：您如何发挥和使用这些优势与资源来达成期望的目标？

Eric：基于我的风格是注重结果，而过程中会以激励、赋能团队的教练式沟通为主，我会组建高效、强大专业的人力资源团队，我的团队有150人左右。首先我需要提高团队成员的专业能力，然后给他们足够的授权去解决问题，我关注结果，同时也会担任他们的顾问，有问题可随时咨询我。因为我在咨询公司工作过，所以为了达成公司三年的战略目标，我会给老板提供一些项目方案并积极主导这些项目。在实践过程中，我会咨询那些跨国公司的高管让其分享一些最佳实践案例。

跨国公司的品牌和平台以及上海国际大都市的优势有助于我们招聘实力较强的候选人加入我们的团队，众多大客户进行中的项目有助于我们获取更多的客户订单和更多的利润。当地政府给我们的优惠政策和资金扶持也极大帮助了我们，让我们更有信心去完成三年战略目标。尤其是政府给我们公司员工的落户政策和买房租房补贴制度等，对公司进一步留住优秀人才发挥了非常好的激励作用。

（充分发掘组织和个人的优势来赋能对方，让对方引以为豪，对未来的目标达成充满信心，从而自发地去行动。）

第五步 行动自发（W）

赋能师：为了达成目标，您需要做出哪些具体的行动？

Eric：（1）首先需要做的就是在总部文化价值观的指导下，形成适合我们中国区公司的特定文化价值观。

（2）尽快组建高效专业的人力资源团队，只有高效专业的人力资源团队到位了，才有条件去招聘7000名新员工，然后帮助这些新员工尽快融入公司，确保他们符合岗位要求。

（3）搭建人才梯队和领导力发展中心。随着公司规模的扩大、人员规模的扩大，我们需要有足够的各层级的管理人员，从高管、中层到基层管理人员，大概要2000人，这么多的管理人员，除了外部招聘空降之外，我们需要进行内部培养。所以，人力资源部会针对不同管理层级的核心胜任能力要求，设计相应的领导能力培训课程。以前都是请外部领导力讲师进行培训，效果一般，因为这些培训师讲理论偏多，实战中又不了解我们公司的问题，所以针对性不强。现在我们计划在公司内部总监级别员工中培养一批兼职领导力培训师，同时去买一些经过授权的领导力理论课程，让这些总监根据自己的实战管理经验加上理论指导来开发领导力课程，因为他们有很多成功的实践案例。我们尝试过这样做，参加者普遍反馈很好，是自己定制的课程，能更有针对性地解决问题。

（4）培养新员工和高潜力员工。针对新增加的7000名员工和高潜力员工，我们准备启动师傅带徒弟及职业导师项目。所有新进的员工都会由其主管安排符合资质的师傅来帮助他们适应新环境、新同事、新制度流程等，辅助他们顺利度过试用期。针对公司高潜力的员工和新晋升的主管，在公司内部找到资深的职业导师和高潜员工、新晋主管结对子，一对一进行辅导，及时发现高潜力员工身上的优势并帮助其提高能力，将合适的人放在合适的位置上。

（5）实现研发技术本地化。公司每年都会派大量工程师去美国总部进行为期三周的技术培训，不仅培训成本高，而且很多员工培训回来后一年左右就离职了，给公司造成了很大的损失，所以我们想将为期三周的技术培训本地化。首先选出有培训师潜质的技术人员，安排他们去总部参加培训师培训，然后邀请总部的技术培训师来中国给工程师们进行英文培训，由中国的培训师担任助教和中文翻译，再逐步过渡到由我们国内的培训师完全用中文来进行授课，直到技术培训完全本地化。

（6）完善核心管理岗位接班人规划。针对所有核心管理岗位上的员工，必须列出 A、B、C 角，A 即为岗位上现任员工，B 为未来 1~2 年内可以担任此职务的员工，C 为未来三年以上可以担任此职务的员工。针对 B 角和 C 角要制定相应的培训发展行动方案，并按照此方案严格执行，确保核心人员一旦有变动，B 角和 C 角就能及时替补上去。

（7）提前培养新建工厂的部分管理人员，部分人员进行外部招聘，搭建新工厂的人才体系，确保新工厂按计划开工和运营正常。

第六步　能量赋予（E）

赋能师： 除了以上行动之外，您是否还需要其他公司的一些类似实践和经验分享？

Eric： 非常需要，尤其是在现有的文化价值观基础上如何进行企业文化的迭代更新优化建设方面，希望能多给一些实践参考。

实践分享：

企业文化建设或迭代更新优化是一个非常重大的工程项目。有些公司的企业文化都是由老板一拍脑袋就决定了，或者让人力资源部去参考其他公司的文化，整合一下就变成自家公司的了，然后通知员工，贴在墙上就去执行了。墙上的口号是"价值观、目标、使命、战略、信仰、哲学、管理工具"等，这些描述往往听上去高大上且合理，却不能引发员工内心的动力和共鸣。

塑造一个有愿景、使命、文化价值观的组织需要 1% 的愿景、使命、文化价值观理论和 99% 的员工参与，上下齐心，同心同德，同舟共济，才能达成组织的战略目标。

人力资源部门组织实施企业文化建设项目，项目实施成功通常要取决于以下四个主要因素：一是来自CEO的全力支持；二是员工的积极参与；三是组织发展合适的契机；四是人力资源团队的专业度及影响力。

企业文化建设通常要经历三个步骤：一是文化价值观的确认阶段，二是文化价值观的宣讲阶段，三是文化价值观的落地阶段。企业文化价值观的落地更加重要，需要渗透公司的方方面面。文化建设并不是一场运动，而更像是一场伴随着春雷的春雨，要润物细"有"声。文化价值观在企业招聘、培训、绩效考核、员工晋升等工作中，更应扮演重要的角色。

（在对方有需要的时候，适当地给对方一些分享、建议和方案是非常有帮助的。能够让对方在操作过程中多借鉴其他公司的成功经验，少走一些弯路。）

赋能师： 结合刚才的实践方案和前面提到的那些行动，您认为哪个行动是需要尽快实施的？

Eric： 我前面列举的行动都非常重要，需要马上开始行动。我想先从优化企业文化价值观这个重中之重的工作开始吧。因为接下来会有大批的新员工进公司，如果没有一个统一的价值观来指导，后期可能出现越来越多的问题。只有由统一的价值观来指引，才能统一员工行为，行为造就好的习惯，好的习惯造就我们公司的软性竞争力，软性竞争力助力实现公司的三年战略目标。

您刚才分享的企业文化价值观实施的三步骤对我们很有参考价值。我计划至少用半年的时间来进行前两个阶段的工作，即价值观的确定和宣讲。这两项工作完成后，接下来就是真正将我们的价值观落实到日常工作中。

赋能师：在执行以上行动计划中，可能会遇到哪些主要困难和障碍？您如何来解决这些困难？

Eric：正如您之前分享的，我预计文化建设中遇到的主要困难是如何让老板、各层级管理人员和员工积极参与进来，一起共舞，而不是人力资源部自导自演。否则，即使优化后的企业文化价值观确定下来了，也只是墙上的标语，不能真正地深入人心，真正落地。

赋能师：为了达到期望的目标，您需要哪些资源来协助完成这些方案？

Eric：文化建设方面，我需要主动和老板沟通，确定整体进展项目方案。在得到老板全力支持之后，去和各部门负责人沟通，召开启动会议，明确职责，动员各个层级的管理人员和员工代表参加接下来的文化建设项目，每周汇报进展和需要的支持。

除了文化建设之外，前面提到其他六项行动都需要老板、各级管理人员和员工的大力配合。

赋能师：您还希望我或其他外部力量给您什么样的帮助、建议、资源和能量？

Eric：接下来在目标达成的过程中，我可能还会遇到各式各样的实际困难和心理问题，我需要一个赋能师能够不断地辅导赋能和提醒我。还需要外部的专业咨询机构，与我们有相似经历的跨国公司、客户、政府等组织机构来帮助我们完成目标。

第七步　复盘总结（R）

赋能师：我们来总结一下这次的会谈，您有哪些收获？

Eric：收获非常大！首先，我的思路和行动方案更加清晰了。

未来三年，为了支持公司达成100亿元人民币的销售额，我很清楚需要实施什么行动。其次，经过赋能师和我的会谈，我更有信心了。我也清楚地知道在执行过程中会遇到各种困难，但是有赋能师一直陪伴我，不断给我赋能，提供专业的解决方案，内外结合，一定能实现公司既定的战略目标。

赋能师：接下来，根据行动计划方案，我会定期复盘目标的达成情况。如何才能让我知道目标达成的进展状态和结果呢？

Eric：接下来一周我会制定详细的行动方案，以邮件的形式发送给您。因为您是我们公司聘请的长期赋能师，所以之后每两周我会定期向您汇报目标的达成情况及遇到的痛点问题，我们共同来讨论解决方案。相信我们齐心协力，同心同德，定能实现公司制定的三年战略目标。

以上的咨询案例使用了EMPOWER赋能模型七步法（如图3-4所示），Eric聘请了长期赋能师。随着公司人员越来越多，上万人的组织问题也越来越多，但是在赋能师的帮助和多次咨询复盘之后，B公司根据Eric的行动方案，不断地进行优化和改进，最终三年之后，支持B公司成功达成了100亿元的销售指标！

尽管Eric制定的人力资源核心目标没有完全达成，但是都比之前有提高，比如，员工敬业度调研结果从之前的70%增加到78%（目标是80%），人员离职率从之前的25%降到17%（目标是15%），但是对于一家有上万员工的企业来说，能达到这些指标已经相当不容易了。关键是在过去的三年里成功优化了B公司的文化价值观，组建了上万人的员工团队，搭建了完善的人力资源体系和人才梯队，成功地将研发技术培训转移到了国内，实现了技术培训本地化。

老板对 Eric 的业绩、对人力资源部团队的贡献给予了高度认可，并授予他们最佳团队的荣誉称号。Eric 和整个人力资源团队成员都很自豪，很有成就感。

目标期望（E）
- 未来三年，支持公司达成 100 亿元人民币的销售额；聚焦组建团队、人才梯队建设、文化建设、员工敬业度提升等衡量指标

意义澄清（M）
- 自豪感，证明了自己能做到
- 成就感，在公司平台上体现了自我价值

现状觉察（P）
- 人员招聘、培训发展、团队凝聚力、新工厂团队搭建和体系建立都需要重点改进

优势发掘（O）
- 企业平台、优质客户群、当地政府政策支持
- 个人坚持结果导向，同时也是赋能教练型领导

行动自发（W）
- 组建强有力的人力资源团队、人才梯队和领导力发展中心的建设、研发技术培训本地化

能量赋予（E）
- 文化建设的实践案例，公司高层和各业务线的大力支持，外部专业机构和赋能师的持续加持

复盘总结（R）
- 思路和行动方案更加清晰，更有信心达成目标
- 每两周定期复盘汇报项目进展

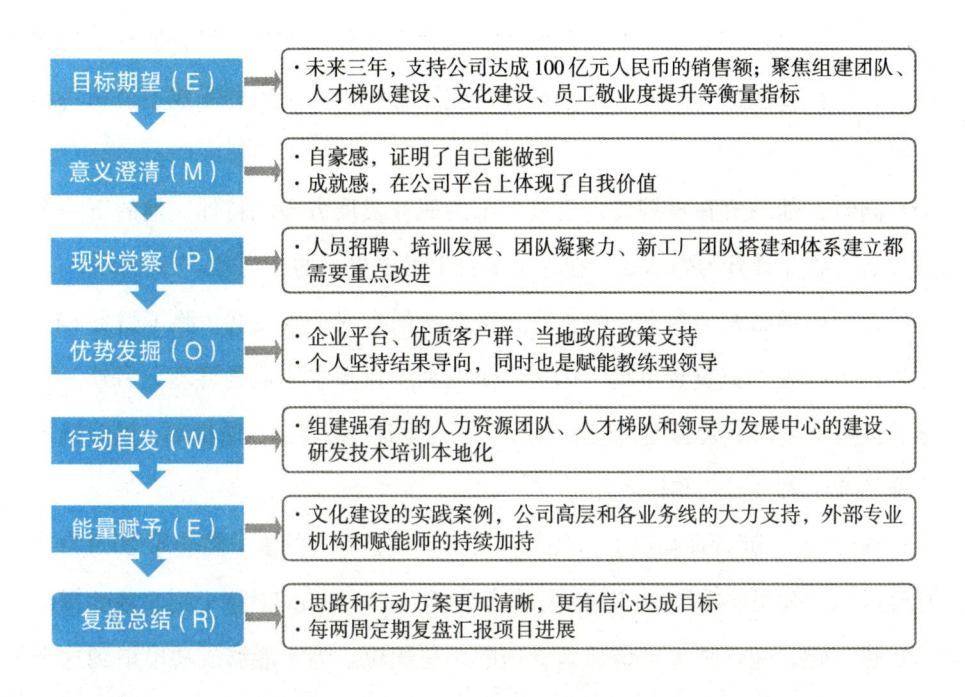

图 3-4　赋能对话 7 步法导图（案例人：Eric）

案例五　总监到副总裁的晋升之路

1. 案例背景

世界《财富》500 强之一的 F 集团，成立于法国，至今已有近 200 年的历史。F 集团在超过 80 多个国家拥有 9.5 万名员工，年利润额达 100 多亿欧元，旗

下的多个业务分支均居世界领先地位。该集团是全球 100 名最具可持续发展的企业之一。1990 年 F 集团进入中国，截至 2022 年，F 集团在中国已有 20 多家分公司。

Berny 先生，国内重点大学毕业，主修电气自动化专业。2006 年加入 F 集团苏州分公司，曾担任工程主管、质量主管、生产经理，2014 年因业绩优异被晋升为制造部总监。在制造部总监岗位上工作了四年，尽管遇到了很多挑战，但他都能够迎难而上，最后成功克服各种困难，顺利完成了公司每年的指标。

同时，他一直在规划着自己接下来的职业发展方向和目标。他的下一个目标是希望能晋升为副总裁，在这个平台上发挥更大的影响力。

在公司的组织架构上，向总裁直接汇报的有三个副总裁，除了财务 CFO 之外，一位副总裁负责市场、销售、研发和项目等主要业务管理，另外一位副总裁负责公司运营管理，包括生产部、工程部、维修部、质量部、供应链、安全环境、人力资源和行政部等。

在 2018 年度管理会议上，公司宣布负责运营管理的高总将会于 2021 年 6 月底退休，公司将在 2020 年 12 月确定继任人选。Berny 对这个副总裁的岗位非常感兴趣，他计划去申请运营管理的副总职位。为了能够成功申请到这个副总的岗位，Berny 在 2019 年初就开始着手准备。

Berny 在这家公司工作多年，他很清楚公司的晋升政策，公司给员工提供了非常好的职业发展平台，鼓励员工内部转岗，一旦有职位空缺时，公司会优先考虑内部业绩比较优秀、综合能力强的员工。

而且在公司人才发展规划中，也重点致力于拓宽寻求长期发展的员工的职业路径和学习新技能的机会，鼓励员工除了可以增加新的专业技能外，同时也提供承担新的职责的机会，包括在不同的部门、不同的业务分支甚至在不同的国家工作的机会。为帮助申请者适应新的岗位，公司会提供各种各样的技能培训，来帮助员工达到新岗位要求的胜任力。

如果自己能够晋升到新的职位，会面临各种挑战，但是 Berny 很清楚目前公司的情况，凭借他在公司任职多年的经验，他认为自己应该能胜任新岗位。

同时令他担心的是，公司管理层的总监们，每个人都非常优秀，无论是学历方面还是资历方面，并不在自己之下，其他各部门总监的竞争力也很强，其中一个同事英语和法语都特别好，总裁也很认可其部门的业绩，Berny 感觉到压力巨大。

因为工作中经常需要和法国总部沟通联系，为了提升自己沟通方面的优势，他也在努力学习法语。为了将来更好地实现自己在企业中内部晋升规划，Berny 还特地在 2018 年报考了上海交通大学的 EMBA，以便系统地学习公司团队和运营管理体系，如供应链和人力资源等。

日期慢慢临近，Berny 的担忧也在逐渐加重，毕竟自己太在乎这次的内部晋升机会了，在接下来的两年里，自己想要从总监团队中脱颖而出，获得公司的认可和青睐，还应该做哪些准备工作呢？

2. 案例思考

内部晋升是企业内提拔员工的最常用的一种方式，对于内部晋升的优缺点，职场人士一般要有一定的了解和认知。

当 Berny 和赋能师沟通后，赋能师的脑海里跃然跳出四个字：彼得原理。

该原理是美国学者劳伦斯·彼得（Dr.Laurence Peter）在对组织中人员晋升的相关现象进行研究后得出的一个结论。在各种组织中，由于习惯于对在某个等级上称职的人员进行晋升提拔，因而员工总是趋向于被晋升到其不称职的地位。彼得原理有时也被称为"向上爬"理论。

如何避免该现象的发生，我们从互联网中会找到各种各样的答案，本案例中 Berny 是主动申请该职位的。在一个企业中，管理者也会面临如何正确地进行内部晋升的挑战，如果没有正确的判断，也会陷入这个理论的副作用中。

根据彼得原理，站在企业管理层的角度，管理层会因为考虑不周，将员工主动推送到一个和其本身不太匹配的岗位上。从个人的角度出发，很多时候，本着自我职业发展的动力驱动，有时我们也会将自己推荐到一个和自己目前能力不匹配的岗位上。这两者在本质上有主动和被动的区别。

回到本案例，Berny 有非常清晰的思路来规划自己的职业发展，也明白这个岗位对他来说意味着什么，加上对企业文化、工作氛围、业务渠道非常熟悉，所以职场跳槽有句俗话叫："做生不如做熟。"

Berny 也是做了一定的准备工作，可以说他具有非常清晰的职业发展目标和行动计划，但是他的能力是否达到了该岗位的要求，这是企业管理层需要考虑的问题。从员工自身出发，他需要有以下三方面的考虑。

（1）明确公司对该岗位的期望是什么？

（2）自己的专业能力、管理能力与新职位的匹配度如何？

（3）面对新的岗位是否做好了准备来迎接挑战？

3. 赋能对话实践应用

第一步　目标期望（E）

赋能师：感谢 Berny 的信任，愿意和我分享你的故事。这次你重点想关注什么话题？

Berny：你好。感谢朋友的推荐，让我有机会能够和你深入探讨我的情况。我加入公司13年了，期间管理过不同的部门，包括工程、质量、生产等直到现在的制造部。我在接下来两年内希望能申请到副总裁的岗位，该职位除了负责我目前的职责外，还需要管理供应链部、人力资源部、审计合规部、质量体系部门等。这对我来说是个挑战，但是我认为这是我职业发展中一个很好的机会。

赋能师：你期望的目标是两年内成功晋升为副总裁，对吗？对此你有何想法？

Berny：是的。我的综合管理能力不错，我是一个正直、勇于担当、善于全局性考虑问题的职业经理人，我有着突破创新、探索未知领域的勇气，我倡导以团队协作去攻克难关，享受为客户及合作伙伴不断地创造价值。这些特质将会有助于我的晋升。但是担忧的是我缺乏供应链和其他职能部门的管理经验，还有我无法用法语来交流，这些可能会成为我晋升的障碍。我的人际关系和团队合作很好，我相信其他同事会支持我晋升的。当然其他几个总监的实力也很强，据说他们也会申请该岗位，我想这次的内部竞争会很激烈。

（有时候在对方没有明确谈话的目标时，赋能师需要和对方再次确认对话的目标期望，避免会谈到中间时发现目标不一致。）

第二步　意义澄清（M）

赋能师：两年内成功晋升为副总裁，实现这个目标对你的人生有什么意义？

Berny：这意味着成功实现了我制定的阶段性职业目标，为我最终成为首席执行官（CEO）奠定了坚实的基础，也让我更有信心了。

我希望早日实现我的职业梦想，事业成功，从而体现我的自我价值，我想以此来证明自己的能力，具有继续提升自我的能力！

赋能师：当你达到目标时，这对你的工作、生活和未来的职业规划会有什么样的影响？

Berny：达成目标之后，我可以在新的高管岗位平台上发挥更大的影响力，逐步实现我的职业梦想。当然毋庸置疑的是，我的收入也会增加，生活条件也会进一步改善，让爱人和孩子过上更好的生活，至少经济上不用太担忧，也有能力支持孩子得到更好的教育条件。工作能够让我有职业成就感，工作也是为了更幸福地生活。不管是工作还是生活，我希望自己的人生更有意义，更有价值。

赋能师：当目标没有达成时，你会如何看待此结果？

Berny：我肯定会比较失落，还有挫败感，毕竟这次对我来说非常重要，当然如果失败了，我会认真分析目标没有达成的原因，继续提高自我，总之，我不会放弃的。我会提前准备和行动，正如这次申请副总裁的岗位，我已做好提前两年开始进行多方面的准备。

（让对方清楚地意识到达成目标和未达成目标会对他造成什么影响，提前有思想准备。挖掘其动力去努力达成目标，同时也让他去思考万一达不到目标可能是什么原因造成的，在接下来的两年里提前去准备和预防失败）。

第三步　现状觉察（P）

赋能师：当你听到自己在谈晋升副总裁这个话题时，此时此刻你有什么新的想法？现状如何？

Berny：我在想，竞争对手实力都很强，那么我和他们的区别在哪里？我有什么优势比他们强或者他们不具备的能力优势？如果没有什么特别的优势和竞争力，老板为什么要晋升我而不是其他竞争对手呢？我的法语不是很好，目前还不能用法语和总部的领导进行流畅的交流，这会是我的一个弱项。

赋能师：四年前你是如何成功晋升到目前的制造部总监岗位的？

Berny：当时我的岗位是生产经理。多年来，我带领团队通过对设备进行工艺改进，技术改造，对原材料配方进行优化等措施，使质量稳定提升，正品从98%提高到99.5%，优等品从20%提高到50%。成本下降了20%。另外通过不断对员工进行安全培训，提高员工（尤其是操作叉车和搅拌机的工人）安全生产的意识，安全第一。在其他工厂或欧洲公司分公司发生过安全事故，如工人的脚被卷进搅拌机里甚至死亡的安全记录，而我们工厂连续三年保持了安全零事故。还有，我比较注重发展团队，给予他们不同的发展机会，我部门多年来辞职率一直保持在5%以下。我想应该是以上这些业绩助力我晋升到目前岗位的。

第四步 优势发掘（O）

赋能师：在过去四年担任制造部总监的工作经历中，你最有成就感的事情有哪些？

Berny：过去几年里，我带领我的团队不断学习，不断优化目前工作流程，不断改进新的工艺，在智能化生产系统方面不断创新。领导团队连续三年荣获大中华区最佳团队奖，另外2018年荣获全球智能化生产系统项目第一名，并被集团总部推广该项目到英国和德国等分公司使用。这是我认为有成就感的事情之一。

2017年底公司做了员工满意度调查，其中有一项是针对公司各部门流程烦琐、重复工作导致效率低下的调查，调查结果只有60分。公司任命我担任项目经理针对此项进行改革。2018年3月开始启动行动计划，我向各部门详细了解情况，对现有流程或新流程进行不断沟通、协调、整合、优化，通过整整8个月的改进，不仅提高了各部门的工作效率，而且在2018年12月底再次进行员工满意度调查时，该项得分整整提高了11分，达到了71分。这是我认为有成就感的事情之二。

还有第三个我认为有成就感的事情是培养接班人。在晋升为制造部总监之前，我就很重视管理部门的接班人培养，尊重每一位员工，无论他们是在什么岗位。对于核心岗位无论是经理、主管、关键技术人员，还是班组长，我都会提前做好3~5年规划，每个核心岗位都会安排1~3个能力层次不同的接班人，一人短期内就可以接管，另一人需要2~3年培养，第三人需要三年以上培养，形成梯度培养计划。这样可以确保一旦现有职位上的人有变动，人才库里立刻有人可以接替。

赋能师：根据以上描述，请总结下你自身具备哪些优势和资源？

Berny：我认为主要有三点优势：一是创新能力。二是跨部门沟通、协调、整合的影响力和大局观，我和公司同事包括法国总部等人际关系很好，这也是比较好的资源吧。三是团队管理和领导力（如发展接班人等）。还有我认为我解决问题的能力比较强，而且情商比较高。

（优势发掘在赋能对话中可以提高对方的正能量，如前面Berny提到和竞争对手比，他有很多弱势，能量明显下降了，这时候让他说之前晋升的成功故事和其他有成就感的事情就能大大提升他的能量，同时可以帮助他梳理自己的优势。）

第五步　行动自发（W）

赋能师：根据你自身的优势和资源，你会采取哪些行动来实现目标？

Berny：

（1）为了自己能够成功晋升，我需要提前培养好接班人。所以我会在现有的经理层级员工中选出两名，在接下来的两年里制订行动计划，重点培养，定期回顾进展情况，调动他们的积极性，帮助他们做好职业规划。另外各层级的管理人员都要确保接班人计划，否则这个梯队链就断了。团队文化和团队建设的工作也非常重要。

（2）积极主动去承担跨部门的大项目，争取更大的平台来展现自己优秀的沟通协调、跨界整合优化等解决问题的能力。主动定期听取各部门的反馈和建议，并及时汇报给总裁。提前主动听取总裁对副总裁岗位候选人的标准、要求和期望。

赋能师：还有其他行动方案吗？

Berny：

（1）继续不断地去创新，去学习。我已经报名了上海交大的EMBA课程，希望通过系统的理论学习来指导日常工作中的管理。另外要多读书，多参加实践领导力、影响力等方面的管理培训。

（2）之前和法国总部的同事工作联络也很多，需要继续保持和他们的联系，加强与他们的沟通并取得他们对我晋升的支持。跨部门的人际关系也非常重要，360度的人际关系需要维护好。

（在行动自发方面，如果时间允许，可以多启发提问，得到更多的方案来对比选择。）

第六步　能量赋予（E）

赋能师：你的家人和朋友对你实现此目标有什么建议？

Berny：我的家人对我工作非常支持，他们会再三叮嘱我，身体是革命的本钱，健康最重要，让我多锻炼身体，压力不要太大。朋友建议我，多向有经验的专家取经，一定要学会激励发展团队，对团队进行有效的授权，让团队成员快速成长。对团队进行绩效管理，要做到平时事件记录，及时向员工反馈，而不是积累到年底做评估的资料。同时要和总裁多沟通工作上的事情，了解他对我的定期反馈及需要改进的地方，以及指导我如何做才能达到他的期望等。

赋能师：你前面提到的强项会对你申请副总裁岗位有什么样的帮助？

Berny：我认为跨部门沟通、协调、整合的影响力和大局观，以及领导能力，尤其是发展接班人这些优势会有助于我的晋升。毕竟这个副总裁的岗位更多的职责还是在管理上，大局观很重要。

赋能师：如果你发挥了以上的优势，结果会怎么样？

Berny：我在这家企业已经有13年的经验了，通过这几年的观察，发现有的部门员工离职率还是蛮高的，基本上在10%以上。有的部门并不太重视内部员工的培养和晋升，这也造成该团队整体竞争力下降，团队成员没有成就感，有的同事也到我这里来抱怨。

我和他们的管理理念有所区别，我不仅自己积极主动地承担更多的项目，也提倡自己团队成员要勇于承担责任，因为在工作中职责很难有100%的清晰界限。

我也会在管理会议上分享自己的工作经验，希望能够为公司的整体管理带来借鉴参考，非常感谢我们公司的企业文化，让我有了更大的舞台来展现自己。如果我有机会去做更大的项目，我相信凭借自身的优势，一定也会得心应手，圆满成功。

赋能师：晋升副总裁可能遇到的最大障碍是什么？如何来解决？

Berny：之前对供应链管理和人力资源组织发展等了解比较少，也没有这方面的管理经验。另外我不懂法语，这些都可能是比较大的障碍。

我能想到的解决方案是，首先去读EMBA，系统学习运营公司各方面的管理知识。参加法语培训班，学习一些基础的法语，至少能和法国总部的人员有些基础的口语交流。幸运的是，我们集团的工作语言是英语，我英语比较流利。当然懂一些法语，对日常沟通和人际关系维护都是非常好的。

另外有关供应链的管理，我需要向这些领域内的专家多学习，尤其是国内外采购和物流运输管理、进出口和客户服务等。如何进行供应链的风险管理、降低成本、端到端供应链可视化管理等，这些都是需要我重点去学习的。

（能量赋予阶段要看对方是否需要外部的资源和建议，是否拥有了足够的能量和信心来达成目标。如果对方已经胸有成竹，自信满满，也没有提出说要建议和资源，赋能师也就没必要给出建议，而是通过高质量的提问一起探索可能性来进行赋能，总之要视具体情况和场景来定）。

第七步 复盘总结（R）

赋能师： 看来你对实现目标已经胸有成竹，自信满满，是吗？接下来你的主要行动有哪些？

Berny： 是的，对实现目标还是挺有信心的。其实之前我早就制订了自己的计划。

我可以和你分享下：

2020年12月30日之前，我需要完成以下主要任务：

（1）持续学习。

2018年已经开始读EMBA，2020年可以顺利毕业，拿到毕业证书。

参加法语培训班，拿到初级口语证书。

向供应链管理和人力资源管理方面的专家请教咨询，多参加公司此方面的项目。

积极主动承担公司跨部门的大项目，如集团总部对公司的审核等。

主动定期向总裁汇报自己的工作和学习情况，听取老板的反馈建议。

（2）发展员工，培养好接班人。

建立并执行好员工发展梯队，让每位员工都能看到职业发展的希望，增强团队的凝聚力，培养学习的文化氛围。

已经培养了制造部总监的两个接班人，其中一个将在接下来两年里重点培养，确保能力能达到需求。否则即使我有机会被晋升，但因为没有合适的代替我的接班人，也会为我的晋升带来障碍。

组织团队进行技术和领导力方面的培训，充分发挥每位员工自身的优势，找出最适合他们的职业发展通道。

（3）继续保持制造部突出的业绩，超额完成各项任务指标。

安全零事故。

质量稳定提高，确保低于0.5%的废品率。

持续创新，进一步降低成本，在2018年的基础上降低3%。

保持团队的稳定性，离职率控制在5%之内。

赋能师：很高兴你列出了这么多行动计划，如何定期复盘呢？

Berny：我计划每季度向你汇报一次行动计划的完成情况，听取你的反馈和建议，继而修改接下来的计划。在向你汇报复盘内容之前，我会先询问总裁对我工作的季度评估，还有同事们对我的季度反馈，尽量全面客观地收集信息。

同时，非常感谢你的帮助，谈话之后，我感觉被赋能了很多，对两年后的晋升更有信心了。再次感谢！

继2019年初的赋能对话之后，Berny严格按照自己制定的行动计划来执行，并定期和赋能师对话，回顾计划的完成情况（如图3-5所示）。2020年12月，经过F集团的综合考评和内部严格的面试后，Berny顺利晋升为副总裁。他非常激动和开心，认为赋能对话让他梳理了很多非常重要关键的行动。他决定将赋能模型七步法引进公司，作为公司文化之一，倡导所有管理人员都来学习赋能模型七步法和如何高效提问技巧。

此案例中的主人公Berny目标很明确，给自己留的准备时间也充足，就是在两年的时间里去申请副总裁的岗位。晋升之前他的岗位是制造部总监，管理着200人的团队。要成功晋升，他面临很多挑战，和其他候选人相比，尤其他在供应链和人力资源管理方面经验欠缺，成为他本次晋升中的比较明显的劣势。

并且，这个职位要和法国总部人员有非常多的沟通和工作汇报，他不懂法语，在同一个级别的其他几位总监候选人中，有的法语非常流利，这对 Berny 来说也是一种压力。

尽管 Berny 已经开始了 EMBA 的学习并参加了法语培训班，但毕竟不是科班出身，心里没底。况且公司也是非常有可能空降一个副总裁到位，所以他迫切希望有一个系统的、考虑周全的晋升准备方案，以便很好地能帮助到他，即使最后落选了，也不留遗憾，毕竟自己尽力争取过。

通过赋能对话，Berny 理顺了自己的职业发展思路，并有重点地调整自己的心态和加强学习，最终成功地实现了自己的职业规划目标。

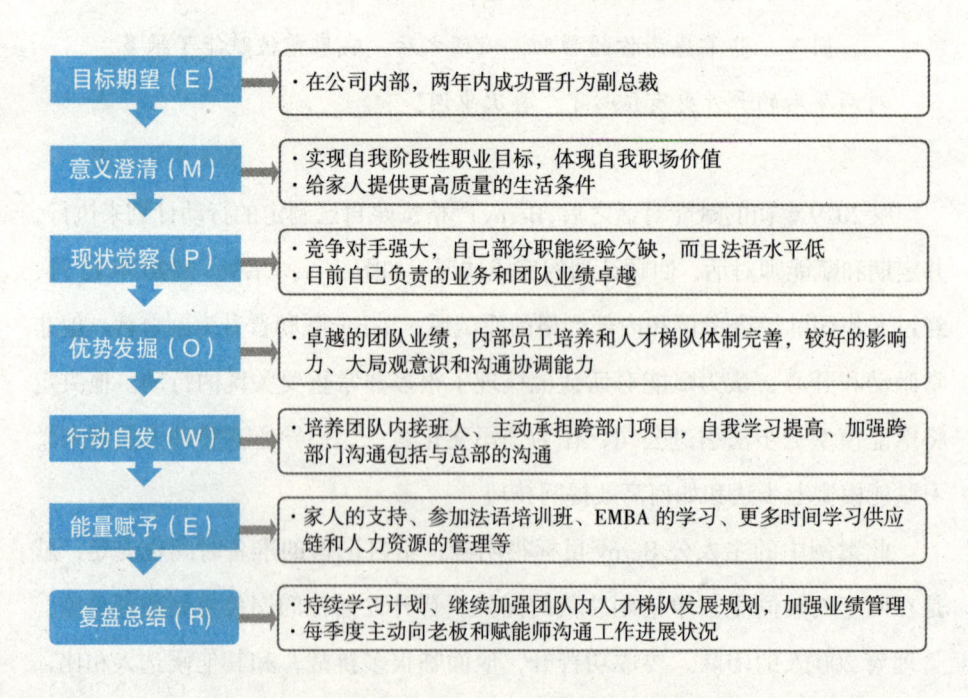

目标期望（E）	· 在公司内部，两年内成功晋升为副总裁
意义澄清（M）	· 实现自我阶段性职业目标，体现自我职场价值 · 给家人提供更高质量的生活条件
现状觉察（P）	· 竞争对手强大，自己部分职能经验欠缺，而且法语水平低 · 目前自己负责的业务和团队业绩卓越
优势发掘（O）	· 卓越的团队业绩，内部员工培养和人才梯队体制完善，较好的影响力、大局观意识和沟通协调能力
行动自发（W）	· 培养团队内接班人、主动承担跨部门项目、自我学习提高、加强跨部门沟通包括与总部的沟通
能量赋予（E）	· 家人的支持、参加法语培训班、EMBA 的学习、更多时间学习供应链和人力资源的管理等
复盘总结（R）	· 持续学习计划、继续加强团队内人才梯队发展规划，加强业绩管理 · 每季度主动向老板和赋能师沟通工作进展状况

图 3-5　赋能对话 7 步法导图（案例人：Berny）

实践篇
赋能对话实践案例

02

不同阶段之职场特征和挑战

以上五个案例中，第一个对象是即将进入职场的大学生，后面四个对象都是已经在职场上的人士。不同阶段的职场人士所面临的挑战和特征也不同，笔者整理了以下信息，希望对读者和有志于成为赋能师的人员有所帮助，根据对方的需求、面临的挑战和所处的阶段来灵活赋能。

初级职场阶段特征和挑战

在拉姆·查兰所写的《领导梯队》一书中，将处于初级阶段的职业发展称为个人贡献阶段。在这一阶段，公司对初级职场人的要求主要是专业化和职业化，这些人员需要通过在计划时间内完成任务来做出贡献，从而获得公司的认可。

个人时间管理与责任心在这个阶段尤其重要，初级阶段的人员要学会高效地利用时间来完成自己的工作，并对工作结果负责，不拖沓。因为在学校里，60分是合格线，超过即可；而在职场中，99分也代表不合格。

工作的选择、工作要求的变化、工作环境的挑战、工作能力的提升，这些都给初级阶段的职场人员带来了各式各样的挑战。

挑战一：自我认知。

"我喜欢什么职业？我可能适合什么职业？我可能擅长什么职业？"

每个人都有自己独特的性格，有的人喜欢和他人打交道，有的人喜欢钻研技术，有的人喜欢和数字打交道，不同的性格特点，所适合的职业也会不同。

古希腊哲学家苏格拉底曾经说过，人最难认清的就是自己。而在不了解自己的情况下，如果从事了不适合自己的职业，那么我们不仅缺少相应的技能去完成工作，更缺少足够的动力去提升我们的技能，将工作做好。

在过去，"干一行，爱一行"行得通，但现在，更应该是"爱一行，干一行"。

（通常来说，我们会从能力、兴趣、性格以及价值观这四个方面来评估一个工作是否适合自己，具体测评工具在第二部分第四节"优势发掘"中已有相关说明，在此不做赘述。）

职业生涯的路是一场马拉松，而不是百米赛跑，选择一条你想走的路，很重要。

挑战二：自我提升。

"我该学什么？我该如何去学？"

初级阶段的职场人员，想学的、要学的东西太多，有的工作岗位专业性特别强，比如与计算机相关、技术类相关的岗位，它不但需要将我们在大学里学到的知识应用到工作中，而且还需要继续学习深造，专题研究、专业培训，乃至返回学校进修等。

当今社会，可供学习的素材和形式有很多，比如App专栏、行业培训、行业论坛分享、导师辅导、工作中实践学习等，如果不加区分地盲目参与，一定会发现，看似学了很多，但对自己却没有什么实质性的帮助。因此做好学习规划十分重要。

在做学习规划时，有两个维度非常关键，一定要考虑：收益和效率。收益代表你所学习的内容能否给你带来益处，这个收益可以是当前工作上的技能提升，也可以为未来的职业发展储能，更可以是生活中的放松与愉悦；效率则是代表你学习的效率如何，由于个体的学习风格差异，不同的人所偏好的学习方式各不相同，因此选择适合自己的学习风格，可以提高自己的学习效率。

中级职场阶段特征和挑战

职场中级阶段指的是职场人士从个体贡献者转为团队管理者的阶段。在这一阶段中，职场人士需要从管理自己转变为管理他人，其工作绩效不再是仅仅通过自己亲力亲为去实现，而是要通过管理下属团队，共同努力去获得。

这一阶段的关键词是"适应角色转换"。因为工作要求的变化，职责重点也发生了偏移，从自己将事情做好转变为带领团队将事情做好，这是自我角色定位的转变，作为新任管理者，至关重要。

相比初级阶段的职场人士而言，职场中级阶段管理者的核心技能是团队目标管理、授权分配、激励他人、发展他人、团队合作等管理技能。

挑战一：角色转换。

自己的角色到底是什么？应该发挥什么样的作用，如何发挥？

此阶段的角色更多的是通过团队完成任务，有效授权和激励团队完成业绩目标，重视管理工作，而不是凡事亲力亲为，管理工作比个人贡献更重要。

我们也许已经意识到自己是管理者，需要激发团队成员的积极性，但是在实际的职场环境中，我们常常会听到新任主管这样与下属谈话：

"哎，你怎么这样子啊，这件事我上次亲自教过你，而且也当面让你做了一次，怎么现在又不会了呢？我真不知道需要教你多少遍！算了，还是我自己来做吧，教你如何做还不如我自己做得速度快呢！"

其实，这就是对于管理角色错位而导致的管理方式变化——我们是要对目标结果负责，但也同时需要对团队成员的能力提升发展负责。否则主管还在扮演个人贡献者的角色，团队也得不到主管的赋能而得以成长，双方都是满肚子委屈。如果仅仅将工作定义为自己完成工作任务，那么作为管理者，是不合格的。而这类角色意识的转变，往往需要的不仅仅是时间，更需要的是经常复盘反思和自省。不是今天晋升为管理者，有了管理者的头衔，现在这个岗位上的管理者就具备此岗位的能力和意识了，新任主管还有很长一段管理实践的路要走。

挑战二：管理技能。

管理能力如何提高？如何激励团队？如何充分授权？如何培养下属？

管理能力的提升需要在知识、技能、意识这三个维度上产生变化，只有这样才能真正得到提高。单纯地阅读管理书籍、模拟某种管理技巧、凭自己以往的体验来复制是远远不够的。

以团队激励为例，管理书籍中会提道：激励团队分为物质激励与精神激励，物质激励可以提供奖金、晋升、加薪等，精神激励可以公开赞美、鼓励、及时肯定、表达认可、合理授权、表达关怀等。然后通过管理培训、情景模拟等方式，熟练地运用这些策略与方法。可能这样一来，大家会认为，这位管理者已经合格了，但在实际工作中，同样还有很长一段管理实践的路要走。

在实际工作中，很重要的一点是养成管理者的思维方式，也就是要克服之前提到的角色转换和自我认知挑战，否则即使有了知识、技能，但却无法使用。比如，一位管理者已经掌握了团队管理的理论知识和技能，但在团队激励尤其是精神激励这方面，却常常忽略了这一技能的实践。他想的是："完成目标就是员工的本职工作，应该做到的，为何还要赞美、鼓励、认可和关怀呢？我当时在基层工作的时候，上司也没有对我赞美、鼓励、认可和关怀，我不也坚持过来了吗？"所以这位管理人员的认知就是他的上司没有给他精神激励，他自己当时也不需要这些精神激励，同样现在他觉得也不需要对团队成员进行赞美、鼓励、认可和关怀等。

挑战三：职业选择。

"我是否要跳槽？是否要转行？是否可以去创业？"

工作多年后，知道自己想要的是什么，也对自己从事的行业有了较清晰的认识，更知道了自己在市场中的价值，同时受外部市场的吸引，便开始有了新的念头：跳槽或转行吧。

选择自己适合的行业，可以使自己的事业在职业生涯进程的路上增光添彩。当初我们走出校园后从事的第一份工作，很多时候可能只是为了就业，而现在我们需要择业了。

如果真的选择了跳槽，也要清楚，跳槽是为了什么？为了一份丰厚的薪资，或是一个更高的职务，或是更好的行业前景，或最能体现自身的价值等，如果没有这些理由来说服自己，建议继续在原来的岗位上，让自己增值，继续去寻找那个属于自己的平台和机会。

跳槽同样有比较大的风险，到了新单位，面对的一切都是新的，新文化、新工作氛围、新领导和同事，试用期内要加倍努力证明自己的业绩，否则试用期都难以通过，压力也会倍增。尤其是外资企业跳槽到民营企业所面临的各种挑战，很多外企跳槽到民企的管理人员生存不到一年就离开了。能够继续待在民企的，一定是适应能力比较强的，本书案例三中的 Lisa 由外企转民企案例就详细介绍了她是如何适应新环境的。

除了跳槽更换单位之外，在一家公司内部不断晋升或轮岗同样是很好的职业发展途径。

高级职场阶段特征和挑战

职场高级阶段指的是职场人士从单个团队管理者转为多个业务领域管理者或担任公司高管的阶段。在这一阶段中，职场人士需要根据公司愿景、使命、价值观、业务战略布局、长期和短期的业绩目标来制定战略规划，有效支持公司战略愿景目标的实现。从部门内部管理转化为跨部门、跨事业部、跨分公司、跨国家间的协调与合作，需要从更加长远的角度、持续发展盈利的角度、更加广阔的视野来看待和解决问题。

这一阶段的关键词是"跨界"，这不仅指的是跨部门的合作，更指的是在这一阶段的管理者往往会管理非自身专业的部门，比如生产背景的副总裁还要负责供应链、运营、人力资源等，销售背景的副总裁还要负责项目管理、研发设计、工程，等等。案例五中的 Berny 案例就介绍了他去申请副总裁岗位所管理的非自身技术专业的领域场景。这些新的职责对他们都是非常大的挑战，这意味着他们必须放弃一些先前熟悉和喜欢的工作，不断学习迭代，挑战并管理好自己专业以外的其他工作。

因此，从这一阶段开始，领导技能、工作理念、时间管理等战略视野的重要性迅速提高，培养不同层级的管理人员、确保业务战略落地实施等成为该阶段工作的重点。

挑战一：领导技能。

"我如何构建更好的部门协作机制？我该如何分配财务和人力资源，完成公司战略目标？我如何平衡公司的短期和长期利益？我如何提升和巩固公司的软性竞争力？"

曾有人做过统计，在企业高层管理中，内部跨部门沟通协调的时间占总体工作量的40%～50%，因此，提高部门间的合作效率至关重要。

资源分配也是一大难题，如遇到生产部、技术研发部、市场销售部等都同时来争取资源，该分配给哪些部门，如何分配才能确保目标实现呢？资源不足的部门是否会成为战略目标实现过程中的瓶颈？这些难题都需要管理人员细细斟酌，敏锐地平衡各部门的利益点，确保顺畅沟通。

这个阶段的领导者还要评估财务预算和人员配置的战略规划，评估业务的投资组合策略，冷静客观地评估管理的资源和核心能力，发现并管理好新的业务。

如果是公司最高领导者，这阶段更需要平衡公司的短期和长期利益，实现公司的可持续发展，管理好全球化背景下的公司，设定好公司未来发展的大方向。同时要培育好公司的文化价值观等软实力，激发全体员工的潜能，赋能辅导各事业部经理，确保公司战略执行到位。

挑战二：工作理念。

"我该如何推动公司的转型，以更好地面对挑战？我该如何帮助公司建立长期的核心竞争力？"

公司面临的挑战永远在变化，因此，开阔的视野、开放学习的思维、长远的大局观对管理者至关重要。同时，关注团队成功并重视培育潜在管理者成员、耐心倾听董事会等各利益相关方的意见，细致地推动公司循序渐进地变革与转型，在长期与短期之间寻找平衡点，并强有力地高效执行，这些都给本阶段的职场人士带来了严峻的挑战。

该阶段职场人士的角色从执行战略转变为参与或制定战略，专业能力发挥的作用慢慢降低，而宏观分析、战略决策、资源整合、领导能力、变革能力等技能的作用慢慢加强，其工作范围也逐渐超越本专业领域，从专业管理人员转变为跨职能管理人员。

这需要开始接受自己在对负责的领域缺乏专业知识的情况下，开始学会应对信息缺乏、不确定性增加带来的挑战。更要学会如何在VUCA（易变性、不确定性、复杂性、模糊性）环境中寻找突破。

挑战三：时间管理。

"我的时间永远不够用，该怎么办？"

该阶段职场人士的时间表往往不受自己意愿的支配，大客户的商务会谈、核心业务交流、董事会议、投资方洽谈、媒体采访、下属寻求协助、政府接待，等等，一点一点地占满了本就拥挤的时间表。

如何将时间节约出来，更多地去分析、思考和复盘，定位公司的战略，实现公司战略目标，是必须克服的关键挑战。

该阶段的职场人士不仅要花时间来学习本专业以外的领域知识，更要花大量的时间，高情商地和各事业部跨职能班子成员进行沟通交流，合理分配资源、财务预算和人员配置等事宜。同时，不能因为忙于外部客户应酬而忽视公司内部的管理，要在公司的软实力建设方面投入时间，如公司的愿景、使命、价值观、人才激励、核心班子成员的培养发展、员工凝聚力和敬业度提升等，因为这些才是其他竞争对手不容易复制抄袭的软性竞争力。软性竞争力的提升大多体现在了人力资源领域，案例四"人力资源助力完成公司战略目标"中就详细介绍了人力资源落地执行的具体细节。

本篇总结
SUMMARY OF THIS CHAPTER

为了更好地帮助读者了解赋能对话在不同场景下的应用，本书在前两部分详细介绍了赋能模型的结构、特点和具体要素之后，第三部分实践篇通过五个鲜活的真实案例，让读者更好地理解、应用赋能模型七步法，解决实际面临的问题。为了兼顾篇幅的限制以及案例的完整性，案例编撰将提问做了精简，但都保留了七步法的每个要素。

"一千个读者有一千个哈姆雷特"，解析案例的目的是帮助读者更好地理解笔者在案例中使用赋能对话帮助对方解决问题的过程，进一步掌握赋能对话7步法的提问技巧。所谓"运用之道，存乎一心"，这就需要读者在实际使用中多多应用，总结实践经验。

后记

随着社会的不断发展，人类经历了以蒸汽机的发明引发的第一次工业革命后，进入机械化时代。电力的使用驱动了第二次工业革命，人类进入电气化时代。计算机的发明和应用催生了第三次工业革命，人类进入自动化时代。互联网的普及与发展造就了第四次工业革命，人类进入信息化时代。在历次工业革命中，科技生产力有了翻天覆地的变化，对个人的挑战、要求也一直在提高。

几十年前，在一家单位工作一辈子，甚至在一个岗位上工作一辈子都是常事，商业环境的变化也较为缓慢。而现在，政策、经济、社会乃至技术环境的变化越来越快，"VUCA（Volatility 易变性，Uncertainty 不确定性，Complexity 复杂性，Ambiguity 模糊性）"也从冷战时期的战争名词变成代指当今商业环境的形容词。这一变化给身处其中的职场人士带来了巨大的压力——无论是技能方面，还是心理方面。

　　这一变化促进了培训师、教练、导师、心理咨询顾问等一系列技术行业的迅速发展，力图通过提升对方能力、赋能对方解决面临的痛点问题，协助对方更好地应对压力。之前各种角色可能会认为一种理论就能够完整解释对方遇到的各种问题，并且在该理论框架下提供的技术也足以解决对方的问题。一系列实践和研究发现，各种理论都有可能取得积极的结果，由此推测各种理论中有着共同的因素在发挥作用。虽然各种理论的发展十分迅速，但在实践中往往发现单凭某一种理论已经无法全面解释并解决对方面临的痛点问题。人们希望有一种能够面向更广的普通群体，更加综合高效的帮助方法，这一切都促进了整合的发生。

　　整合就是在融合了多种原有理论的基础上，取长补短，吸收精华，提出新的概念或框架或体系，并有所创新。由于所从事的人员管理工作以及从事大量赋能他人的公益活动，笔者在扮演培训师、教练、导师、心理咨询顾问等众多角色的过程中逐渐发现，每种角色在特定的场景下都有一些局限性，总有种"有力使不出"的感觉，而若将这几种角色各自的优势进行融合并进行适当的升华和迭代，同时辅以对应的问题解决框架，那么将会事半功倍——这就是赋能模型的由来。赋能模型初步框架确定后，笔者在大量的赋能对话实际案例中运用这一模型，大大超过了之前预期的成果，这让笔者信心大增。经过对赋能模型理论的不断调整、修改、细化，最终整合构建了赋能（EMPOWER）模型七步法，以及模型在赋能对话中的主导者赋能师必须具备的雪茄（CIGAR）能力模型。从整合的观点来看，根据所需要处理问题的不同，赋能师灵活选取不同的赋能技术，吸取精华，取长补短，能够帮助对方成长、有效解决问题并达成目标。

　　笔者用1、3、5、7四个数字来简单总结《赋能对话》如下：

后记

1个初心：在几十年的过往实践经历中，由于工作性质和公益职业辅导的缘故，帮助过很多人解决了工作和生活中碰到的一些难题，成功达成他们设定的目标。笔者希望通过此书能去帮助赋能更多的人。

3种理念的结晶：我们3位作者花了3年多的时间，融合了教练、导师、心理咨询顾问3种理念的创新提出了书中的EMPOWER赋能模型。

5项能力：要成为一名优秀的赋能师，需要具备的5项能力，即雪茄模型（CIGAR）。

7个步骤法：赋能师在具备了以上5项能力后，遵循赋能模型七步法来开展赋能对话。

限于篇幅，本书重点阐述的是赋能模型在职场中的对话应用实践。但笔者在众多的生活和家庭案例中，同样也使用了赋能模型框架，在对话中取得了很不错的效果。接下来，笔者将会继续研究与实践，将赋能对话中在职场之外更多的鲜活案例带来的一些思考与成果展现给读者。非常感谢大家的关注和支持！

《赋能对话》从最初的写书念头到现在成稿出版历经三年，电脑前的码字工作，反复多次推敲修改，唯愿吹尽黄沙见到金。

此刻伏案，合书；此时静坐，沉思。突然捕获到莫名的思绪，不知从何而生，夹带着一丝欣喜，或有几分激动，还有一点儿期待，像一缕轻烟，萦绕在周围，无法触及，道不明，说不清，但是感触至深。抑或它就是在写尽心中十几万字后再一次的顿悟之情吧。

《赋能对话》能够得以顺利出版，要感谢的人有很多很多：家人、导师、领导、校长、教授、朋友、同学、同事、出版社的编辑，等等，是他们给了我们前行的动力和鼓励。尤其要感谢给我们书籍写推荐序的大咖们！再次对大家表达深深的谢意！

附录

赋能提问清单

一、目标期望 EXPECTION

1. 你期望达成的目标是什么？

2. 你期望通过今天的对话获得什么？带走什么？

3. 你期望通过今天的对话实现什么样的愿望？

4. 与此问题相关的你的目标是什么？

5. 假设你现在已经实现了你的目标，具体会是怎样的一个状态呢？

   – 你看到、听到、感觉到了什么？

   – 人们会对你说些什么？

   – 你感觉如何，会对自己说些什么？

   – 有哪些新的元素？

   – 有哪些不同？

6. 听起来你有两个目标，你想先聚焦在哪个呢？

7. 如何将这个目标分解成更小的目标？

8. 你期望用多长时间来达成这个目标？

9. 你会如何评估你目标的达成情况呢？

10. 你刚刚提出的目标，是在什么背景下做出的呢？

11. 你刚才提到的是提高数量，具体是什么样的数字？
12. 你达成目标的衡量标准是什么？
13. 真正的本质问题是什么？
14. 你刚刚提到的目标，还有哪些需要补充的吗？
15. 选择这个目标的出发点是什么？
16. 一个成功的结果会是什么样？
17. 可以确定哪些里程碑？你什么时候需要完成这个结果？
18. 你需要什么样的拉伸才能达到这个目标？
19. 如果有一根魔杖，在我们的对话结束时，你希望它带你去哪里？
20. 我们这次有 1 个小时的对话时间，你希望从哪里开始？

二、意义澄清 MEANING

1. 这个目标的达成对你来说意味着什么？
2. 如果实现了你所制定的目标，会给你带来哪些改变？
3. 如果从 1~10 打分，你觉得这个目标对你的重要性可以打几分？
4. 如果不是 10 分，做什么会使它达到 10 分？
5. 你认为这个目标对你来说重要的原因是什么？
6. 你觉得这会给你的人生带来哪些影响呢？
7. 如果你没有达成自己的预期目标，你会如何看待这件事情？
8. 如果你没有达成自己的预期目标，会对你的人生带来哪些影响？
9. 最糟糕的情况会是什么？
10. 实现这一目标还会让谁受益，以何种方式让他受益？
11. 这个目标会对你的朋友或同事有哪方面的影响？
12. 你所定的目标如期达成，对你的工作和生活有哪些影响？

13. 你周边的朋友对你目标完成会有怎样的反应？你又如何看待这件事情？
14. 虽然经过自己的努力，但目标没有达成，你会有哪些反馈？
15. 你为什么会看重这个目标，给予你支撑的是什么？
16. 这个目标达成的最好结果是什么？是你想要的吗？为什么？
17. 如果这个目标需要做调整，你会如何调整？出于什么样的考虑做这样的调整？
18. 你的团队成员会给你这个目标打多少分？为什么？
19. 是什么让你坚定地朝着目标前进？
20. 你现在清楚自己真的要去实现这个目标吗？

三、现状觉察 PRESENT SITUTION

1. 在 1~10 分范围内，如果理想的情况是 10 分，你现在的状态是多少？
2. 你希望到达几分的状态？
3. 目前的情况如何？现在到底发生了什么？
4. 你现在的主要关注点是什么？
5. 有关你要达成的目标，截至目前做过哪些行动？
6. 你自己，你的家人、朋友、关键人员对这件事的看法是什么？
7. 对于这件事，你的家人、朋友会对你说什么？
8. 你在做的哪些事情支持或阻碍你去实现自己的目标？
9. 这件事对你造成的影响是什么？
10. 除了这件事，目前还有什么事情让你夜不能寐？
11. 如果从 1~10 打分，你改变现状、达成目标的意愿强度可以打几分？
12. 这里真正的问题是什么？

13. 你认真思考过目前的现状处境吗？（有或没有）为什么？

14. 这个目标的实现需要哪些资源？

15. 你所制定的目标是否具有挑战性？如果有，是什么样的挑战呢？主要风险是什么？

16. 你认为自己目前有哪些短板会影响目标实现？

17. 这样的情况是在什么背景下发生的？

18. 你个人对结果有多少掌控权，你可以控制的是什么？

19. 在这里你能依靠自己的是什么？

20. 到目前为止，这个目标需要调整吗？为什么？

四、优势发掘 OUTSTANDING POINT

1. 在过去的人生经历中，你最有成就感的事情是什么？

2. 这件事为什么会让你感到很有成就感？

3. 除此之外，你最满意、最自豪的是什么？取得了什么成绩？

4. 是什么带来了这种成功？什么行为是最有效的？

5. 你的哪些技能、品质或优势做出来何种贡献？

6. 从这些事件中，你发现了自身有哪些优势？你培养了什么能力？

7. 对你的成功贡献最大的是什么？

8. 在这些事情中，你碰到的最大挑战是什么？

9. 你是如何解决这一挑战的？

10. 在解决这一挑战过程中，你的哪些特质或优势帮助了你？

11. 与其他面临这一挑战的人相比，你有何不同？

12. 有哪些驱动力让你有这样的选择和决定？

13. 你的亲人、同事、朋友等，他们评价你的优势是什么？

14. 在上一年度的绩效评估中，你的主管是如何描述你的优势的？

15. 如果让你对自己做出评价，对自己最满意的是哪方面？

16. 这个目标执行过程中，你的主动权是什么？

17. 在什么样的状态下，你对目标的完成会很投入和享受？

18. 你已经拥有哪些资源（技能、时间、金钱、热情、支持、渠道等）？

19. 你对自己的优势还有哪些需要补充的吗？

20. 我看到了你的优势还有……

五、行动自发 WILLING ACTION

1. 为达成这个目标，你的总体行动计划是什么？

2. 接下来，你打算如何行动来达成你的目标？具体由哪些行动？

3. 你有什么想法？你能做什么？

4. 还有别的什么行动方案吗？如果还有其他，会是什么？

5. 为了这个目标，你之前做过哪些尝试？效果如何？

6. 现状和目标之间有差距，你有哪些行动来缩短此差距？

7. 过去的成功经验证明什么是可行的？

8. 之前提到你的很多优势，你会如何运用这些优势来帮助自己达成目标呢？

9. 如果有更多的时间、控制权、资金，你会怎么做？

10. 你的朋友、同事中谁更擅长这个？他们会怎么做？

11. 你想听取我的建议吗？你觉得我会给你什么建议？

12. 如果你有一根魔棒无所不能，它会告诉你怎么做？

13. 永久性的解决方案会是什么样的？

14. 如果能从头再来，你会怎么做？

15. 关于这个行动，你计划什么时候开始？目标实现的最后期限是什么时候？为什么这样定？

16. 在行动计划方面，按 1~10 分打分，你的承诺是几分？

17. 如果不是 10 分，做什么会使它达到 10 分？

18. 为了达成目标，你需要自己投入哪些资源？

19. 哪一种解决方案最吸引你？哪些选择会带来最佳结果？

20. 每个选项的优缺点是什么？

六、能量赋予 ENERGIZE

1. 你如何衡量成功？第一步要做的是什么？具体什么时候开始？

2. 在行动实施的过程中，可能会碰到哪些障碍？你将如何减少这些阻碍因素？

3. 除了自己，你还有哪些外部的资源可以应用？为了达成目标，你需要什么支持？从谁那里能获得支持？

4. 你还需要哪些资源，还能向谁寻求帮助，确保计划成功？

5. 哪些资源对你来说最有价值？原因是什么？你准备如何获取这些资源？

6. 你本身的这些特质或优势，还可以运用在其他哪些领域？

7. 截至目前，你对自己的行动最满意的是哪方面？

8. 你对你的行动方案有多大的信心？如何能增强你实现目标的信心？

9. 对于采取的行动，你的承诺度是怎样的？

10. 我曾经面临过类似的情景，你需要我分享给你作为参考吗？

11. 我刚刚谈到的内容，对你会有启发吗？如果有，是哪些呢？如果没有，为什么？

12. 你有考虑过 ×× 方案吗？我可以做一些补充吗？

13. 你有没有试着从××角度来分析？

14. 如果行动过程不顺利，你会如何调整？如何解决这个困难？

15. 我这里有些人力、资金、资源、渠道和工具，你是否需要我的协助？

16. 我觉得要实现这个目标，你可以通过这样的方式探索自己，进一步发挥你的优势的方法是……

17. 总结下刚才谈到的你所有资源和优势有哪些？还需要哪些协助？

18. 综合你所谈的内容，对你目标达成有什么样的帮助？

19. 你会以什么样的方式让我知道你在行动上的进展如何？何时让我知道？

20. 达成这个目标后，你更高的计划目标是什么？

七、复盘总结 REVIEW

过程陈述问题：

1. 让我们一起回顾下刚才谈的内容，第一项我们要达成的目标是什么？你的行动计划是什么？你的优势是什么？

2. 在整个对话过程中，你内心的感受是怎样的？

3. 今天对你来说，最有价值的是什么？

4. 这个目标行动中有哪些是你之前不了解的或没有意识到的？

5. 来说说你的时间安排和资源分配是什么？

6. 你还会在哪里应用学到的东西？执行过程中发挥了多少你的优势？

7. 上次谈话后你是不是完全按照计划执行的？为什么没有按照计划执行？

8. 当时这样处理，你是怎么考虑的？

9. 在执行过程中，有没有当时没预计到的情形出现？当时你是怎么处理的？

10. 执行过程中会遇到哪些突发状况？你又会如何处理呢？

剖析反思问题：

1. 你会如何评估你的目标、行动计划、资源、优势？

2. 如果你发现行动计划的进度和结果与你的预期差距很大，你会怎么做？

3. 在这一过程中，你做对了什么，需要改进的又有哪些地方？

4. 如果回到行动的开始，你会做出哪些改变？

5. 如果你是旁观者，你会对自己有哪些建议？

6. 你还可以采取什么新方法？

7. 为达成这个目标，请再描述下你接下来的行动计划有哪些？

8. 你还会采取哪些策略来完成这件事情？

9. 你会中断或者放弃行动吗？为什么？

10. 在行动计划中，有哪些因素是你无法控制或影响的？你是如何面对的？

规律总结问题：

1. 在前几次的赋能对话中，你最大的收获是什么？

2. 决定这次目标成败的关键要素有哪些？

3. 在本次任务中，你运用了哪些在其他事件中总结出的规律？如果有，你觉得两次任务之间的相同点是什么？如果没有，两次任务之间的区别是什么？

4. 如果再次碰到类似的任务，你会如何分析并开展工作？

5. 你会通过哪些方法让我们知道你已经开始行动了？

6. 这次的对话，你认为最有价值的是什么？

7. 当目标完全达成后，你是怎样识别出已经完成了呢？

8. 达成目标的信号和具体指标是什么？

9. 听了你自己的复盘总结，你觉得还有哪些需要补充吗？

10. 通过这次的任务和复盘，有哪些方法策略可以应用到其他场景？

赞　誉

　　个人、团队和企业的成长在这个 VUCA 时代挑战非常巨大。"赋能师"一词本身就是教练、导师、心理咨询顾问理念基础上的创新和迭代，个人的成长和企业的发展需要不断地改变和迭代以达成目标。除这本书本身对我的触动外，作者之一房让青女士个人的故事就是一个很好的例子，她的成长和对于企业的奉献是《赋能对话》的写照。无论对于职场小白、经验丰富的职场老手，还是助力个人成长和推动企业文化的专业人士，我推荐你细细品味这本书。

　　在近三年的健康与疫情、战争与和平、政治与经济的不确定环境下，《赋能对话》让我们组织的各个层面能更好地发挥自驱力。赋能让我们更加强大！

包腊梅

——赫达集团（民企上市公司）执行总裁

　　《赋能对话》不是一部传统意义上的管理教练著作。我接受现代管理方法的训练已经 24 年了，阅读和研究过的管理学理论、模型和工具不计其数，有经典有新潮，有中有洋，多多少少自以为有了些"免疫"的能力。然而《赋能对话》却给了我一种"那人却在灯火阑珊处"的感觉。展开书卷，我以观察者的视角，参与书中那些仿佛亲历过的对话，复盘每一个对赋能师和受能者都至关重要的"啊哈瞬间"。我随着作者一步一步铺就的草蛇灰线，跟随着作者犀利而善解人意的提问，逐渐深入赋能师和受能者在赋能模型引导下思维激荡，沿着树立目标、坚定信念、现状感知、优势发掘、自觉行动、能量赋予、复盘总结的路径，在关键时刻为实现人生目标赋能。

　　"运用之道，存乎一心"，只要赋能师抱着一颗赤子之心，真诚地为受能者的发展成长和成功赋能，就一定能将这套行之有效的理论工具在职场内外发扬光大。

韩岩滨

——马士基码头大中华区总裁

　　一本趣味横生且实用的书。用理论结合实际案例阐释了赋能的来龙去脉，并对实际场景中的应用给出了清晰的指引，引用的都是职场生活中触手可及的鲜活案例。在这些案例中我们也能看到自己的影子与内心的困惑。作者用赋能模型逻辑梳理了每一个案例，给人以醍醐灌顶的启发与思考。

郭宏伟

——TikTok HRBP

赞誉

自2020年初春开始的新冠疫情，2022年爆发的俄乌战争和新一轮疫情，极大地改变了历史的进程，改变了原本秩序井然的工作和生活，人们面临着前所未有的挑战和问题，这个时候特别希望得到专业人士的指点来快速解决问题。这个专业人士是谁呢？作者通过《赋能对话》一书给出了答案——赋能师。赋能师这个角色以帮助解决客户痛点问题为目标，综合运用各种赋能工具，是教练、导师、心理咨询顾问的集大成者，通过对客户的专业陪伴共创，既授人以鱼，又授人以渔；既解决了客户的问题，又帮助客户成长。

我相信除了有志于帮助激发他人的专业人士读者能从此书中受益匪浅，团队的领导者阅读此书也可以更好的激发、赋能团队去挑战更高的目标，实现组织成功。职场人士阅读此书也可以实现自我赋能，快速成长。

李香花

——沃尔沃汽车（亚太）投资有限公司
亚太区设施管理负责人（兼中国区工会主席）

数字化时代的关键词是赋能与利他。未来组织的形态将从管控型转换为赋能型，而管理者的角色也将转换为赋能者。《赋能对话》一书具有很强的前瞻性和时代价值，为数字化时代管理者的角色转换提供了新理念、新思维和新方法。从而赋能更多的职场人士不断成长，走向成功！

邵钧

——创合汇创始人
21世纪新商学研究院理事长、执行院长

当数字科技带来从产业迭代到组织变革的多种变化，企业所面临的问题、所经历的挑战，以及一系列问题与挑战背后需要深层次剖析的动因与逻辑，均产生翻天覆地的变化。感谢作者，作者以"赋能师"为符号，剖析了"赋能"符号所代表的价值体系与价值关系。这一视角，为打破思维桎梏，以科学世界观与认知观，探索可持续解决问题的未来，提供了有力的启示与支撑！建议读者在阅读本书时，要多次阅读，相信每一次阅读后，闭上双眼论证自己的所见所想所闻，都会有进一步不一样的发现和沉淀！

袁俊

——伏蛮匠智创始人兼CEO
中国商务广告协会数字营销研究院秘书长

近年来，"赋能"成为一个热门词汇，被企业、媒体、学界，乃至政府经常使用，赋能是什么？赋能就是去中心的主动离心发展，打破垂直管理的缺陷，让企业核心业务及外围企业能够发展壮大，形成强大的企业生态系统。从某种意义上说，疫情把中国商业数字化提前了十年，从链接"人"进入链接"物"，即"万物互联"的未来数字商业时代，打破"闭环",形成生态链是历史的必然,也是发展的趋势,也给新时代企业管理既要"做好事"也要"管好人"赋予了新的内涵。

"赋能模型"EMPOWER 七步法给企业管理者提供了参考,从管理者转化为赋能者。外部环境中数字化浪潮席卷而来,数字赋能助力企业和社会经济新增长;行业发展中赋能整个行业生态,赋能服务客户,形成共享共创的生态链;企业人力资源赋能于团队组织建设,挖掘员工潜力,打破藩篱,激发创造力,相信DBA同窗房让青博士的这本新书会给许多职场人士提供帮助和协力!

甘露
——理财频道(Chinafortunetv)出品人
映阁文化董事总经理

随着移动互联网的普及,所有确定的知识点和方法论变得透明和可搜索,管理者的价值和功能必须要转为赋能团队,引导他们探索各种可能性,从而寻找到一个最优方案。

作者这本书正好契合了这个时机和理念,分享了 WHAT(什么)、WHY(为什么)、HOW(如何做),将理论和实操有机结合,值得学习分享,迭代我们的领导力,且行且进化,拥抱丰富有趣的世界!

陈可
——哥伦比亚中国医疗集团人力资源副总裁

《赋能对话》一书中定义了一个新的赋能模型"EMPOWER",是一种适合中国国情的个人成长模型,也是教练模式的有机延展。同样的,EMPOWER 模型借鉴了教练模型中的有益步骤,通过一个新的角色——"赋能师"来引导并注重在与被赋能者共创的过程,从而落实在解决问题上。我们很多人不知道自己不知道什么,就像我们面临困难之时并不见得都知道答案,我们苦苦寻求答案,我们期待顿悟,但是我们也期待禅师的那声断喝。赋能师不仅提供给我们那声断喝,还带领我们找到那个顿悟后的答案。在中国这个快速发展的社会,作者的赋能模型将带给我们管理者或者企业内的赋能师崭新并适用的工具,适合我们每一个人去阅读、思考和实践。达己为达人,达人助达己。

陈敏
——蒂升电梯(中国)有限公司(原蒂森克房伯电梯)
中国区首席人力资源官

《赋能对话》一书,在分析总结教练、导师、心理咨询顾问等各种角色的优劣势基础上,创新性地提出了以"赋能师"解决客户痛点问题,解决客户需求,以结果为导向,以EMPOWER 为模型的实践性方法论。作者在书中花了大量的篇幅用多个案例论证了该模型的可靠度,并从结果上给予验证,是一本理论结合实践的应用书籍,读后相信在大家的职场道路上会受益匪浅，为解决工作和生活中的现实问题，提供科学可行的管理工具，我推荐这本书。

郑富贵

——原京东集团副总裁、上海暖商商务咨询有限公司 CEO

我在苹果公司工作十几年，阅读和研究过很多管理学理论和工具，然而《赋能对话》却给了我一种"aha moment"的感觉，尤其是书中的真实案例，很有共鸣感。对书中的赋能模型和雪茄模型印象深刻。我推荐大家去阅读此书，赋能他人，发展自己，定会有帮助。

徐丽琼

——苹果采购运营管理（上海）有限公司产品质量经理

EMPOWER 赋能，这个词本身就具有很高的能量。正如作者本人，每次见到房让青总是能量满满。我想，这一定和她自己时时践行这个模型有关。每个人都需要被赋能，每个人也可以借助赋能方法论为他人赋能。《赋能对话》一书提供了一份非常实用的对话指导，相信对我们的工作和生活都会很有帮助。

倪彩霞

——《痛点教练》作者

本书行文流畅，兼具理论基础的教学意义和实际的可操作性，所列举的实例简单易懂，切中要领。本书在科普了赋能师的职责使命之外，还特别介绍了赋能师的"不能之处"，这有助于本书读者在赋能对话之初就定义好赋能师的有所为和有所不为，厘清了职责边界，这样的共识对于促进赋能对话的成功进行可以说是至关重要。

雪茄（CIGAR）模型中的生成式倾听层次读来心生仰慕，非常期待自己的团队以及家庭沟通能达到这种层次。相信本书会使很多人受益，不仅在工作场景，它也适用于亲子教育等场景。本书还旁征博引了一系列优秀书籍，可以说是一份活的书单介绍！

马敏

——泰科电子商用车事业部全球产品管理及战略财务总监

感谢作者，让我有机会深度了解和理解赋能师这个角色，以及这个角色能帮助不同角色的职场人解决在企业发展不同阶段可能面临的共性和个性问题。对我个人而言，仔细阅读完后，回顾对照我 24 年的工作中经历过的企业，带领过的不同背景和特征的团队，确实也有非常多的共鸣和启发。我对于"赋能"和"雪茄"两个模型印象深刻，对于赋能师区别于导师和教练的定位有一个"共创者"的身份属性，并且具备比较丰富的行业背景，

赋能对话
成就和赋能他人 7 步法

实现解决方案的赋能效果,也是深感认同的。最后,我给作者的建议,这本书可以以"专业、有趣、简单"的风格将受众人群扩展到更多的经理人、职场人,更要扩展到青春期孩子的父母。对话的框架和提问的逻辑都有很好的借鉴性!非常欣喜看到老同学有这样的底蕴和积累,也期待赋能师能够走近企业,助力行业和企业打造高绩效团队!

梁艳
——万国数据服务有限公司高级副总裁、全国数据中心总经理

"赋能"一直以来都是企业和社会主要探讨的话题之一。如何赋能他人使之活出绽放的生命,设定清晰而有意义的目标,且能够使能力倍增,达成期望是一个需要思考的问题。作者在本书中的赋能流程,深入浅出的案例,让大家能够轻松掌握并拥有赋能的能力。

闫秋华
——ICFMCC 大师级教练、上海思瀚商务咨询有限公司创始人

参考文献

[1] 约翰·惠特默.高绩效教练（第5版）[M].徐中，姜瑞，佛影，译.北京：机械工业出版社，2021.

[2] 詹妮弗·拉宾.如何在组织内有效开展导师制[M].刘夏青，刘白玉，译.北京：中国青年出版社，2020.

[3] 石金涛，唐宁玉.培训与开发（第5版）[M].北京：中国人民大学出版社，2021.

[4] 傅安球.心理咨询师[M].上海：华东师范大学出版社，2006.

[5] 兰刚.解码私董会[M].北京：机械工业出版社，2014.

[6] 兰刚.内部私董会[M].北京：机械工业出版社，2015.

[7] 奥托·夏莫.U型理论[M].邱昭良，王庆娟，陈秋佳，译.浙江：浙江人民出版社，2015.

[8] 拉姆·查兰，斯蒂芬·德罗特，詹姆斯·诺埃尔.领导梯队[M].徐中，林嵩，雷静，译.北京：机械工业出版社，2013.

[9] 尼尔·布朗，斯图尔特·基利.学会提问[M].吴礼敬，译.北京：机械工业出版社，2016.

[10] 玛丽莲·阿特金森，蕾·切尔斯.被赋能的高效对话[M].杨兰，译.北京：华夏出版社，2020.

[11] 王振宇. 职场进化论 [M]. 北京：中国商业出版社，2009.

[12] 爱德华·德·博诺. 六顶思考帽 [M]. 冯杨，译. 山西：山西人民出版社，2008.

读书笔记

读书笔记

读书笔记

好书是俊杰之士的心血，智读汇为您精选上品好书

课程是企业传承经验的一种重要载体，本书以案例、工具指导企业如何萃取内部经验，形成独特的有价值的好课，以助力企业人才发展。

狮虎搏斗，揭示领导力与引导技术之间鲜为人知的秘密。9个关键时刻及大量热门引导工具，助你打造高效团队以达成共同目标。

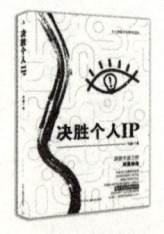

这本书系统地教会你如何打造个人IP，其实更是一本自我成长修炼的方法论。

"游戏化"新型管理模式，激活作为互联网"原住民"的95后职场人。本书是带新生代团队的制胜法则和指南。

本书作者洞察了销售力的7个方面，详实阐述了各种销售力要素，告诉你如何有效提升销售能力，并实现销售价值。

解锁股权合伙人95种实用实效激励模板、工具图表，剖析、点评股权合伙人60个实战案例。

企业经营的根本目的是健康可持续的盈利，本书从设计盈利目标等角度探讨利润管理的核心，帮助企业建立系统的利润管理框架体系。

目标引擎，是指制定目标后，由目标本身而引发的驱动力，包括制定目标背后的思考、目标落地与执行追踪。

本书分力量篇、实战篇、系统篇三部分。以4N绩效多年入企辅导案例为基础而成，对绩效增长具有极高的实战指导意义。

更多好书
>>

智读汇淘宝店　　智读汇微店